住房和城乡建设部"十四五"规划教材

高等职业教育建筑设备类专业群"互联网+"活页式创新系列教材

建筑智能化
施工与管理

张　恬　主　编

李伟峰　副主编

尹秀妍　主　审

中国建筑工业出版社

图书在版编目（CIP）数据

建筑智能化施工与管理/张恬主编；李伟峰副主编
. —北京：中国建筑工业出版社，2022.9
住房和城乡建设部"十四五"规划教材　高等职业教
育建筑设备类专业群"互联网+"活页式创新系列教材
ISBN 978-7-112-27764-3

Ⅰ.①建… Ⅱ.①张…②李… Ⅲ.①智能化建筑—
工程施工—施工管理—高等职业教育—教材 Ⅳ.
①TU745.5

中国版本图书馆CIP数据核字（2022）第148013号

　　本书根据国家示范性高职院校项目式教学要求，结合多年的工学结合人才培养经验编写，反映了建筑行业的最新发展和高等职业教育教学改革的新特点。本书在编写过程中注意理论联系实际，紧密结合当前建筑市场的变化和需求，突出技能培养。本书共分8个项目，内容包括：常用的材料、工具及仪表，综合管线敷设，变配电设备安装，电气照明装置安装，防雷及接地装置安装，流水施工组织，网络计划技术，单位工程施工组织设计等。

　　为了更好地支持相应课程的教学，我们向采用本书作为教材的教师提供课件，有需要者可与出版社联系。

　　QQ群：622178184

　　建工书院：http://edu.cabplink.com

　　邮箱：jckj@cabp.com.cn　电话：（010）58337285

　　本书可作为高职高专院校建筑智能化工程、建筑电气工程、建筑设备工程技术等专业的教材，也可作为应用型本科、成人教育、电视大学、函授学院、中职学校、岗位培训班的教材，以及建筑企业工程技术人员的参考用书。

责任编辑：聂　伟
文字编辑：胡欣蕊
书籍设计：锋尚设计
责任校对：李欣慰

住房和城乡建设部"十四五"规划教材
高等职业教育建筑设备类专业群"互联网+"活页式创新系列教材

建筑智能化施工与管理

张　恬　主　编
李伟峰　副主编
尹秀妍　主　审

*

中国建筑工业出版社出版、发行（北京海淀三里河路9号）
各地新华书店、建筑书店经销
北京锋尚制版有限公司制版
北京市密东印刷有限公司印刷

*

开本：787毫米×1092毫米　1/16　印张：15　字数：326千字
2023年7月第一版　2023年7月第一次印刷
定价：**49.00**元（赠教师课件）
ISBN 978-7-112-27764-3
（39578）

教育部国家级教学资源库
（建筑智能化工程技术专业）
配套教材编委会

主　任：牛建刚

副主任：董　娟　王建玉　周国清　王文琪

委　员（按姓氏笔画为序）：
王　欣　刘大君　刘志坚　孙建龙　李姝宁
李梅芳　张　恬　陈志佳　陈德明　岳井峰
高清禄　崔　莉　翟源智

本书编审委员会

主　编：张　恬

主　审：尹秀妍

副主编：李伟峰

参　编：邓　华　梁璋彬

出 版 说 明

党和国家高度重视教材建设。2016年，中办国办印发了《关于加强和改进新形势下大中小学教材建设的意见》，提出要健全国家教材制度。2019年12月，教育部牵头制定了《普通高等学校教材管理办法》和《职业院校教材管理办法》，旨在全面加强党的领导，切实提高教材建设的科学化水平，打造精品教材。住房和城乡建设部历来重视土建类学科专业教材建设，从"九五"开始组织部级规划教材立项工作，经过近30年的不断建设，规划教材提升了住房和城乡建设行业教材质量和认可度，出版了一系列精品教材，有效促进了行业部门引导专业教育，推动了行业高质量发展。

为进一步加强高等教育、职业教育住房和城乡建设领域学科专业教材建设工作，提高住房和城乡建设行业人才培养质量，2020年12月，住房和城乡建设部办公厅印发《关于申报高等教育职业教育住房和城乡建设领域学科专业"十四五"规划教材的通知》（建办人函〔2020〕656号），开展了住房和城乡建设部"十四五"规划教材选题的申报工作。经过专家评审和部人事司审核，512项选题列入住房和城乡建设领域学科专业"十四五"规划教材（简称规划教材）。2021年9月，住房和城乡建设部印发了《高等教育职业教育住房和城乡建设领域学科专业"十四五"规划教材选题的通知》（建人函〔2021〕36号）。为做好"十四五"规划教材的编写、审核、出版等工作，《通知》要求：（1）规划教材的编著者应依据《住房和城乡建设领域学科专业"十四五"规划教材申请书》（简称《申请书》）中的立项目标、申报依据、工作安排及进度，按时编写出高质量的教材；（2）规划教材编著者所在单位应履行《申请书》中的学校保证计划实施的主要条件，支持编著者按计划完成书稿编写工作；（3）高等学校土建类专业课程教材与教学资源专家委员会、全国住房和城乡建设职业教育教学指导委员会、住房和城乡建设部中等职业教育专业指导委员会应做好规划教材的指导、协调和审稿等工作，保证编写质量；（4）规划教材出版单位应积极配合，做好编辑、出版、发行等工作；（5）规划教材封面和书脊应标注"住房和城乡建设部'十四五'规划教材"字样和统一标识；（6）规划教材应在"十四五"期间完成出版，逾期不能完成的，不再作为《住房和城乡建设领域学科专业"十四五"规划教材》。

住房和城乡建设领域学科专业"十四五"规划教材的特点，一是重点以修订教育部、住房和城乡建设部"十二五""十三五"规划教材为主；二是严格按照专业标准规范要求编写，体现新发展理念；三是系列教材具有明显特点，满足不同层次和类型的学校专业教学要求；四是配备了数字资源，适应现代化教学的要求。规划教材的出版凝聚了作者、主审及编辑的心血，得到了有关院校、出版单位的大力支持，教材建设管理过程有严格保障。希望广大院校及各专业师生在选用、使用过程中，对规划教材的编写、出版质量进行反馈，以促进规划教材建设质量不断提高。

住房和城乡建设部"十四五"规划教材办公室

2021年11月

前　言

本书针对高等职业教育建筑设备类专业的特点和要求，编写时贯彻"必需、够用"的原则，全面系统地讲述建筑智能化工程施工与管理的基础知识、基本理论。本书内容针对性强，力求达到基本理论性内容具有通用性、普适性，实用技术性内容结合现行规范做到思路清晰、过程详细完整。本教材的形式为文字+数字资源，活页式教材，鉴于版面的限制，该教材有大量的数字资源支撑。全书共分为8个项目，其内容主要有常用的材料、工具及仪表，综合管线敷设，变配电设备安装，电气照明装置安装，防雷及接地装置安装，流水施工组织，网络计划技术，单位工程施工组织设计，并根据编者多年的实践经验和教学经验，详细阐述了新材料、新规范、新工艺。

通过对教材内容的整合，合理地进行了编排，注重理论与实践的结合，注重培养实际应用能力。本书全面系统地介绍了建筑智能化安装工程施工以及管理的内容，注重图文结合。通过工程实习、现场教学，缩短学生理论与实际的差距，做到毕业既能上岗，又能顶岗。

本书项目3、项目4、项目5、项目8由黑龙江建筑职业技术学院张恬编写，项目1、项目2由黑龙江建筑职业技术学院李伟峰编写，项目6、项目7由福州职业技术学院邓华、梁璋彬编写，企业专家中建城市建设发展有限公司孔维超也参与各项目编写，全书由张恬主编并负责统稿和定稿。

本书由黑龙江建筑职业技术学院尹秀妍主审，并提出了许多宝贵意见，在此表示衷心的感谢。

限于编者水平，书中难免存在错误，敬请广大读者和同行专家批评指正，不胜感谢！

目 录

CHAPTER 1

项目 1

常用的材料、工具及仪表

任务 1.1 常用的材料
任务 1.2 常用工具、仪表

任务 1.1
常用的材料

1.1.1 教学目标与思路

【教学目标】

知识目标	能力目标	素养目标	思政要素
1. 了解绝缘材料的种类； 2. 了解紧固材料； 3. 掌握导线的类型以及导线连接的方法； 4. 掌握导管的类型。	1. 能连接导线； 2. 能区分不同的导管。	1. 具有良好倾听的能力，能有效地获得各种资讯； 2. 能正确表达自己思想，学会理解和分析问题。	1. 培养民族自豪感； 2. 树立以人为本，预防为主，安全第一的思想。

【学习任务】认识各种常用材料，学会导线连接，为后续线管敷设的学习打下基础。

【建议学时】6～8学时。

【思维导图】

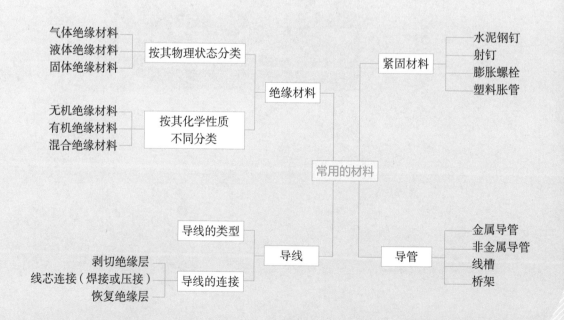

1.1.2 学生任务单

任务名称	常用的材料	
学生姓名	班级学号	
同组成员		
负责任务		
完成日期	完成效果	
	教师评价	

学习任务	1．了解绝缘材料的种类； 2．了解紧固材料； 3．掌握导线的类型以及导线连接的方法； 4．掌握导管的类型。			
自学简述	课前预习	学习内容、浏览资源、查阅资料		
	拓展学习	任务以外的学习内容		
任务研究	完成步骤	用流程图表达		
	任务分工	任务分工	完成人	完成时间

本人任务	
角色扮演	
岗位职责	
提交成果	

任务实施	完成步骤	第1步	
		第2步	
		第3步	
		第4步	
		第5步	
	问题求助		
	难点解决		
	重点记录	完成任务过程中，用到的基本知识、公式、规范、方法和工具等	成果提交
学习反思	不足之处		
	待解问题		
	课后学习		

过程评价	自我评价（5分）	课前学习	时间观念	实施方法	知识技能	成果质量	分值
	小组评价（5分）	任务承担	时间观念	团队合作	知识技能	成果质量	分值

1.1.3　知识与技能

1. 知识点——绝缘材料

在建筑电气工程中，常用的绝缘材料种类繁多。

（1）按其物理状态分类

可分为气体绝缘材料、液体绝缘材料和固体绝缘材料。

1）气体绝缘材料：有空气、氮气、二氧化硫和六氟化硫（SF_6）等。

2）液体绝缘材料：有变压器油、断路器油、电容器油、电缆油等。

3）固体绝缘材料：有绝缘漆、胶和熔敷粉末，纸、纸板等绝缘纤维制品，漆布、漆管和绑扎带等绝缘浸渍纤维制品，绝缘云母制品，电工用薄膜、复合制品和粘带，电工用层压制品，电工用塑料和橡胶等。

（2）按其化学性质不同分类

可分为无机绝缘材料、有机绝缘材料和混合绝缘材料。

1）无机绝缘材料：有云母、石棉、大理石、瓷器、玻璃和硫黄等。主要用作电机和电器绝缘、开关的底板和绝缘子等。

2）有机绝缘材料：有矿物油、虫胶、树脂、橡胶、棉纱、纸、麻、蚕丝和人造丝等。大多用于制造绝缘漆、绕组和导线的被覆绝缘物等。

3）混合绝缘材料：由无机绝缘材料和有机绝缘材料经加工后制成的各种成型绝缘材料。主要用作电器的底座、外壳等。

2. 知识点——紧固材料

常用的固结材料除一般常见的圆钉、扁头钉、自攻螺钉、铝铆钉及各种螺钉外，还有直接固结于硬质基体上所采用的水泥钢钉、射钉、塑料胀管和膨胀螺栓。

（1）水泥钢钉

水泥钢钉是一种直接打入混凝土、砖墙等的手工固结材料。水泥钢钉应有出厂合格证及产品说明书。操作时最好先将水泥钢钉钉入被固定件内，再往混凝土、砖墙等上钉。

（2）射钉

射钉是采用优质钢材，经过加工处理后制成的新型固结材料。具有很高的强度和良好的韧性。射钉与射钉枪、射钉弹配套使用，利用射钉枪去发射钉弹，使弹内火药燃烧释放的能量，将各种射钉直接钉入混凝土、砖砌体等其他硬质材料的基体中，将被固定件直接固定在基体上。利用射钉固结，便于现场及高空作业，施工快速简便，劳动强度低，操作安全可靠。射钉分为普通射钉、螺纹射钉和尾部带孔射钉。射钉杆上的垫圈是起导向定位作用，一般用塑料或金属制成。尾部有螺纹的射钉，便于在螺纹上直接拧螺钉。尾部带孔的射钉，用于悬挂连接件。射钉弹、射钉和射钉枪必须配套使用。

（3）膨胀螺栓

膨胀螺栓由底部呈锥形的螺栓、能膨胀的套管、平垫圈、弹簧垫片及螺母组成。

用电锤或冲击钻钻孔后安装于各种混凝土或砖结构上。螺栓自铆，可代替预埋螺栓，铆固力强，施工方便。

安装膨胀螺栓，用电锤钻孔时，钻孔位置要一次定准，一次钻成，避免位移、重复钻孔，造成"孔崩"。钻孔直径与深度，应符合膨胀螺栓的使用要求。一般在强度低的基体（如砖结构）上打孔，其钻孔直径要比膨胀螺栓直径缩小1～2mm。钻孔时，钻头应与操作平面垂直，不得晃动和来回进退，以免孔眼扩大，影响锚固力。当钻孔遇到钢筋时，应避开钢筋，重新钻孔。

（4）塑料胀管

塑料胀管系以聚乙烯、聚丙烯为原料制成。这种塑料胀管比膨胀螺栓的抗拉、抗剪能力要低，适用于静定荷载较小的材料。使用塑料胀管，当往胀管内拧入木螺钉时，应顺胀管导向槽拧入，不得倾斜拧入，以免损坏胀管。

3. 知识点——导线

（1）导线的类型

导线是用来传送电能和信号的。导线的品种繁多，按其性能、结构和使用特点可分为裸导线、绝缘导线等。

1）裸导线

裸导线没有绝缘层，散热好，可输送较大电流。常用的有圆单线、裸绞线和型线等。

①裸绞线

裸绞线主要用于架空线路，具有良好的导电性能和足够的机械强度。常用的有铝绞线和钢芯铝绞线，钢芯铝绞线用于各种电压等级的长距离输电线路，抗拉强度大。铝绞线一般用于短距离电力线路。

常用裸绞线的型号、规格和用途见表1.1-1。

常用裸绞线的型号、规格和用途　　　　表1.1-1

名称	型号	截面积（mm²）	用途
铝绞线	LJ	1～600	用于挡距较小的架空线路
钢芯铝绞线	LGJ	1～400	用于挡距较大的架空线路
铜绞线	TJ	1～400	一般不采用

②型线

型线有铜母线、铝母线、扁钢等。矩形硬铜母线（TMY型）和硬铝母线（LMY型）用于变配电系统中的汇流排装置和车间低压架空母线等。扁钢用于接地线和接闪线，常用的扁钢规格有25mm×4mm、25mm×6mm、40mm×4mm等。

例如，TMY-100×10，表示为硬铜母线宽100mm、厚10mm。

2）绝缘导线

1.1-2 绝缘导线

低压供电线路及电气设备的连线，多采用绝缘导线。按绝缘层材料来分有聚氯乙烯绝缘导线、橡皮绝缘导线等。在建筑工程中多采用聚氯乙烯绝缘铜导线。

绝缘导线的线芯材料有铜芯和铝芯（铝芯基本不采用），电气工程常用的导线截面积有 $1.5mm^2$、$2.5mm^2$、$4mm^2$、$6mm^2$、$10mm^2$、$16mm^2$、$25mm^2$、$35mm^2$、$50mm^2$、$70mm^2$、$95mm^2$、$120mm^2$、$150mm^2$、$185mm^2$、$240mm^2$ 等。护套线有二芯、三芯、四芯、五芯之分。常用的绝缘导线型号、名称和用途见表1.1-2。

常用绝缘导线型号、名称和用途　　　　　　表1.1-2

型号	名称	用途
BX（BLX） BXR	铜（铝）芯橡皮绝缘线 铜芯橡皮绝缘软线	适用于交流500V，直流1000V及以下的电气设备及照明设备
BV（BLV） BVV（BLVV） BVR	铜（铝）芯聚氯乙烯绝缘线 铜（铝）芯聚氯乙烯绝缘及护套线 铜芯聚氯乙烯绝缘软电线	适用于各种设备、动力、照明的线路固定敷设
RV RVB RVS RVV	铜芯聚氯乙烯绝缘软线 铜芯聚氯乙烯绝缘平型软线 铜芯聚氯乙烯绝缘绞型软线 铜芯聚氯乙烯绝缘及护套软线	适用于各种交、直流电器、电工仪器、小型电动工具、家用电器装置的连接

例如，BV–0.5kV–$1.5mm^2$，表示铜芯塑料铜芯线，额定电压500V，截面积$1.5mm^2$。

例如，BVV–0.5kV–$2 \times 1.5mm^2$，表示铜芯塑料护套线，额定电压500V，2芯，截面积$1.5mm^2$。

（2）导线的连接

导线与导线间的连接以及导线与电器间的连接，称为导线的接头。在室内配线工程中应尽量减少导线接头，并应特别注意接头的质量。因为导线一般的故障，多数是发生在接头上，但必要的连接是不可避免的。为了保证导线接头质量，当设计无特殊规定时，应采用焊接、压板压接或套管连接。导线连接应符合下列要求：

①连接处的机械强度不得低于原导线机械强度的80%。

②接头部位电阻不得大于原导线电阻的1.2倍。

③接头处的绝缘强度与非连接处导线绝缘强度相同。

对于绝缘导线的连接，其基本步骤为：剥切绝缘层、线芯连接（焊接或压接）、恢复绝缘层。

1）导线绝缘层剥切

绝缘导线连接前，必须把导线端头的绝缘层剥掉，绝缘层的剥切长度因接头方式和导线截面的不同而不同。绝缘层的剥切方法要正确，通常有单层剥法、分段剥法和斜削法三种。一般塑料绝缘线用单层剥法，橡皮绝缘线采用分段剥法或斜削法。剥切绝缘层时，不应损伤线芯。

2）线芯连接

①单股铜线的连接法

截面积较小的单股铜线（如6mm²以下），一般多采用绞接法连接。截面积超过6mm²的铜线，常采用绑接法连接。

a. 绞接法

（a）直线连接

1.1-3
绞接法

两根导线直线连接绞接时，先将导线互绞2～3圈，然后将每一导线端部分别在另一线上紧密地缠绕5圈，余线割弃，使端部紧贴导线。直线连接的另一种做法，两处连接位置应错开一定距离。粗细不等单股铜导线的连接，将细导线在粗导线上缠绕5～6圈后，弯折粗导线端部，使它压在细线缠绕层上，再把细线缠绕3～4圈后，剪去多余细线头。

（b）并接连接（并接头）

将连接线端相并合，将芯线捻绞5圈，留余线适当长剪断折回压紧，防止线端部插破所包扎的绝缘层。两根导线并接连接一般不应在接线盒内出现，应直接通过，不断线，否则连接起来不但费工也浪费材料。三根及以上单股导线的线盒内并接在现场的应用是较多的（如多联开关的电源相线的分支连接）。在进行连接时，应将连接线端相并合，在距导线绝缘层15mm处用其中一根芯线，在其连接线端缠绕7圈后剪断缠绕线。把被缠绕线余线头折回压在缠绕线上。应注意计算好导线端头的预留长度和剥切绝缘的长度。

不同直径的导线并接头，如果细导线为软线时，则应先进行挂锡处理。先将细线在粗线上距离绝缘层15mm处交叉，并将线端部向粗线端缠卷5回，将粗线端头折回，压在细线上。

（c）分支连接

T形分支连接：绞接时，先用手将支线在干线上粗绞1～2圈，再用钳子紧密缠绕5圈，余线割弃。

一字形分支连接：绞接时，先将支线Ⅱ与干线合并，支线Ⅰ在支线Ⅱ与干线上粗绞1～2圈，用钳子紧密缠绕5圈，支线Ⅰ的余线割弃；然后将支线Ⅱ在干线上紧密缠绕5圈，余线割弃。绞接时，先将两根支线并排在干线上粗绞2～3圈，再用钳子紧密缠绕5圈，余线割弃。

b．绑接法

（a）直线连接

先将两线头用钳子弯起一些，然后并在一起（有
时中间还可加一根相同截面积的辅助线），然后用一根直径为1.5mm的裸铜线做绑线，
从中间开始缠绑，缠绑长度为导线直径的10倍，两头再分别在一线芯上缠绑5圈，余下
线头与辅助线绞合，剪去多余部分。较细导线可不用辅助线。

（b）分支连接

先将分支线作直角弯曲，其端部也稍作弯曲，然后将两线合并，用单股裸线紧密
缠绕，方法及要求与直线连接相同。

c．压接法

（a）管状端子压接法

将两根导线插入管状接线端子，然后使用配套的
压线钳压实。

（b）塑料压线帽压接法

塑料压线帽是将导线连接管（镀银紫铜管）和绝缘包缠复合为一体的接线器件，
外壳用尼龙注塑成型。单芯铜导线塑料压线帽压接，可以用在接线盒内铜导线的连接，
也可用在夹板布线的导线连接。单芯铜导线塑料压线帽，用于1.0～4.0mm²铜导线的连
接。使用压线帽进行导线连接时，导线端部剥削绝缘露出线芯长度应与选用线帽规格相
符，将线头插入压线帽内，如填充不实，可再用1～2根同材质、同线径的线芯插入压线
帽内填补，也可以将线芯剥出后回折插入压线帽内，使用专用阻尼式手握压力钳压实。

（c）套管压接法

先将压接管内壁和导线表面的氧化膜及油垢等清除干净，然后将导线从管两端插
入压接管内。当采用圆形压接管时，两线各插到压接管的一半处。当采用椭圆形压接管
时，应使两线线端各露出压接管两端4mm，然后用压接钳压接，要使所有压坑的中心
线处在同一条直线上。压接时，一般只要每端压一个坑，就能满足接触电阻和机械强度
的要求，但对拉力强度要求较高的场合，可每端压两个坑。压坑深度，控制到上下模接
触为止，铜套管内壁必须镀锡。铜导线的压接钳，基本上与铝线压接钳相同，但由于铜
线较硬，所以要求压接钳的压力大，施工时可采用脚踏式压接钳。它能适用于各种截面
积的铜、铝导线压接。套管压接法突出的优点是：操作工艺简便，不耗费有色金属，适
合现场施工。

单股导线的分支和并头连接，均可采用压接法。

②多股铜导线的连接法

a．多股铜导线的直线绞接连接

先将导线线芯顺次解开，呈30°伞状，用钳子逐根拉
直，并剪去中心一股，再将各张开的线端相互交叉插入，根据线径大小，选择合适的缠

绕长度，把张开的各线端合拢，取任意两股同时缠绕5～6圈后，另换两股缠绕，把原有两股压住或割弃，再缠5～6圈后，又取二股缠绕，如此下去。一直缠至导线解开点，剪去余下线芯，并用钳子敲平线头。另一侧亦同样缠绕。

b.　多股铜导线的分支绞接连接

分支连接时，先将分支导线端头松开，拉直擦净分为两股，各曲折90°，贴在干线下，先取一股，用钳子缠绕5圈，余线压在里挡或割弃，再调换一根，依此类推，缠至距绝缘层15mm时为止。另一侧依法缠绕，不过方向应相反。

③铜导线焊接

铜导线的连接无论采用上面哪种方法，导线连接好后，均应用焊锡焊牢。使熔解的焊剂，流入接头处的各个部位，以增加机械强度和良好的导电性能，避免锈蚀和松动。

锡焊的方法因导线截面积不同而不同。10mm²及以下的铜导线接头，可用电烙铁进行锡焊，在无电源的地方，可用火烧烙铁。16mm²及其以上的铜导线接头，则用浇焊法。无论采用哪一种方法，锡焊前，接头上均须涂一层无酸焊锡膏或天然松香溶于酒精中的糊状溶液。

用电烙铁锡焊时，可用150W电烙铁。为防止触电，使用时，应先将电烙铁的金属外壳接地，然后接入电源加热，待烙铁烧热后，即可进行焊接。

浇焊时，应先将焊锡放在化锡锅内，用喷灯或木炭加热熔化。待焊锡表面呈磷黄色，获得高度热量时，把接头调直，放在化锡锅上面，用勺盛上熔化了的锡，从接头上面浇下。刚开始浇焊时，因为接头冷，锡在接头上不会有很好的流动性，此时应继续浇下，以提高接头处温度，直到全部焊牢为止。最后用抹布轻轻擦去焊渣，使接头表面光滑。

④铝导线的连接法

铝导线与铜导线相比较，在物理、化学性能上有许多不同处。由于铝在空气中极易氧化，导线表面生成一层导电性不良并难于熔化的氧化膜（铝本身的熔点为653℃，而氧化膜的熔点达到2050℃，且密度比铝大）。当铝熔化时，它便沉积在铝液下面，降低了接头质量。因此，铝导线连接工艺比铜导线复杂，稍不注意，就会影响接头质量。铝导线的连接方法很多，施工中常用的是机械冷态压接。

机械冷态压接的简单原理是：用相应的模具在一定压力下，将套在导线两端的铝连接管紧压在导线上，使导线与铝连接管形成金属相互渗透，两者成为一体，构成导电通路。

铝导线的压接可分为局部压接法和整体压接法两种。局部压接的优点是：需要的压力小，容易使局部接触处达到金属表面渗透。整体压接的优点是：压接后连接管形状平直，容易解决高压电缆连接处形成电场过分集中的问题。下面主要介绍施工中常用的局部压接法。

a.　单股铝导线连接

小截面积单股铝导线，主要以铝压接管进行局部压接。这种形式的压钳，可压接2.5mm²、4mm²、6mm²及10mm²四种规格的单股导线。铝压接管的截面与铜压接管一样，也有圆形和椭圆形两种。

铝导线压接工艺基本与铜导线压接工艺相同。不同点仅是在铝导线压接前，铝压接管要涂上石英粉–中性凡士林油膏，目的是加大导线接触面积。

绝缘螺旋接线钮适用于6mm及以下的单芯铝线。将导线剥去绝缘层后，把连接芯线并齐捻绞。保留芯线约15mm剪去前端，使之整齐。然后选择合适的接线钮顺时针方向旋紧，要把导线绝缘部分拧入接线钮的导线空腔内。

b. 多股铝导线压接

截面积为16～240mm²的铝导线可采用机械压钳或手动油压钳压接。铝压接管的铝纯度应高于99.5%。压接前，先把两根导线端部的绝缘层剥去。每端剥去长度为连接管长度的一半加上5mm，然后散开线芯，用钢丝刷将每根导线表面的氧化膜刷去，并立即在线芯上涂以石英粉–中性凡士林油膏。再把线芯恢复原来的绞合形状。同时用圆锉除去连接管内壁的氧化膜和油垢，涂一薄层石英粉–中性凡士林油膏。中性凡士林油膏的作用是使铝表面与空气隔绝，不再氧化，石英粉（细度应为10000孔）的作用是帮助在压接时挤破氧化膜。两者的重量比为1∶1或1∶2（凡士林）。涂上石英粉–中性凡士林油膏后，分别将两根导线插入连接管内，插入长度为各占连接管的一半，并相应划好压坑的标记。根据连接导线截面积的大小，选好压模装到钳口内。

压接时共压四个坑。先压管两端的坑，然后压中间两个坑。四个坑的中心线应在同一条直线上。压坑时，应该一次压成，中间不能停顿，直到上下模接触为止。压完一个坑后，稍停10～15min，待局部变形继续完成稳定后，就可松开压口，再压第二个口，依次进行。压接深度、压口数量和压接长度应符合产品技术文件的有关规定。压完后，用细齿锉刀锉去压坑边缘及连接端部因被压而翘起的棱角，并用砂布打光，再用浸蘸汽油的抹布擦净。

c. 多股铝导线的分支线压接

压接操作基本与上述相同。压接时，可采用两种方法，一种是将干线断开，与分支线同时插入连接管内进行压接。为使线芯与线管内壁接触紧密，线芯在插入前应尽量整圆，线芯与管子空隙部分可补填一些铝线。铝接管规格的选择，可根据主线与支线总的截面积值考虑。另一种是不断开主干线，采用围环法压接，也就是用开口的铝环，套在并在一起的主线和支线上，将铝环的开口卷紧叠合后，再进行压接。

d. 铝导线的焊接

电阻焊是用低电压大电流通过铝线连接处（或炭棒本身）的接触电阻产生的热量，将全部铝芯熔接在一起的连接方法。焊接时需要降压变压器（或电阻焊机）容量1～2kV·A，二次电压在6～36V范围内。配用一种特殊焊钳，焊钳上用两根直径为8mm的炭棒做电极，焊钳引线采用10mm²的铜芯橡皮绝缘软线。

焊接前应先按焊接长度接好线，把连接线端相并合，用其中一根芯线在其他连接线上缠绕3～5圈后顺直，按适当长度剪断。接线后应随即在线头前端，沾上少许用温开水调和成糊状的铝焊药，接通电源后，将两个电极碰在一起，待电极端都发红时（长约5mm），立即分开电极，夹在沾了焊药的线头上，待铝线开始熔化时，慢慢撤去焊钳，使它熔成小球。然后趁热快速沾满清水，清除焊渣和残余焊药。

另一种方法是将两电极相碰并稍成一个角度，待电极端部发红时，直接去接触导线连接的端头（线端应朝下），等铝线熔化后向上托一下焊钳，使焊点端部形成圆球状。如果连接线端面较大时，可将电极在线端做圆圈形移动，待全部芯线熔化时再向上托一下，撤下电极后再将电极分开，这样导线端就可以形成蘑菇状。焊接后应将导线立即蘸清水，以除去主导线上残余的焊渣和焊药。

气焊前将铝导线芯线剥开顺直合拢。用绑线把连接部分作临时缠绑。导线绝缘层处用浸过水的石棉绳包好。焊接时火焰的焰心离焊接点2~3mm，当加热至熔点时，即可加入铝焊粉，借助焊药的填充和挑动，即可使焊接处的铝芯相互融合，而后焊枪逐渐向外端移动，直到焊完，然后立即蘸清水清除焊药。熔焊连接的焊缝，不应有凹陷、夹渣、断股、裂缝及根部未焊合的缺陷。焊缝的外形尺寸应符合焊接工艺评定文件的规定，焊接后应清除残余焊药和焊渣。

⑤铜导线与铝导线压接

由于铜与铝接触在一起时，不久铝会产生电化腐蚀，因此，多股铜导线与铝导线连接应采用铜铝过渡连接管。使用时，连接管的铜端插入铜导线，铝端插入铝导线，采用局部压接法压接。其压接方法同前所述。

3）恢复导线绝缘

所有导线连接好后，均应采用绝缘带包扎，以恢复其绝缘。经常使用的绝缘带有黑胶布、自黏性橡胶带、塑料带和黄蜡带等。应根据接头处环境和对绝缘的要求，结合各绝缘带的性能进行选用。包缠时采用斜叠法，使每圈压叠带宽的半幅。第一层绕完后，再用另一斜叠方向缠绕第二层，使绝缘层的缠绕厚度达到电压等级绝缘要求为止。包缠时，要用力拉紧，使之包缠紧密、坚实，以免潮汽浸入。

4．知识点——导管

导管是布线系统中用于布设绝缘导线、电缆的，横截面通常为圆形的管件。在建筑电气施工中使用的各类导管主要用来保护电线和电缆。明敷时，绝缘电线穿在导管内，可免受外力损伤，保护安全使用，便于更换导线。暗敷于建筑物表层内部时，增强美观，并可延长使用年限。建筑电气工程中常用的导管包括金属导管、非金属导管、线槽、桥架等。

（1）金属导管

金属导管包括钢导管、可弯曲金属导管和金属柔性导管。钢导管又分厚壁钢导管和薄壁钢导管。

1.1-7
金属导管

1）厚壁钢导管（SC管）

厚壁钢导管，也是焊接钢管，俗称黑铁管。用于暗敷设或强度要求高的场所，施工时多用在楼板墙内。通常壁厚大于2mm的称厚壁钢导管，简称为厚壁钢导管，厚壁钢导管材质要求钢导管无压扁，内壁光滑，焊缝均匀，无劈裂、砂眼、棱刺和凹扁现象。

2）薄壁钢导管

薄壁钢导管，也称电线管。通常壁厚小于或等于2mm的钢管称为薄壁钢导管。现阶段市面上常见的薄壁钢导管有以下几种：

①套接扣压式薄壁钢导管（KBG管）

KBG管又称国标扣压式导线管。管与管件连接不需再跨接地线，KBG管可用于吊顶，明敷等电气线路安装工程。符合现代节能环保的主流发展方向。被国内各大城市的商业、民用、公用等电线线路工程所采用，特别是临时或短期使用的建筑物。

②套接紧定式钢导管（JDG管）

JDG管是一种电气线路新型保护用导管。连接套管及其金属附件采用螺钉紧定连接技术组成的电线管路，无需做跨接地，焊接和套丝，外观为银白色或黄色。多用于布线、消防布线等施工。

3）可弯曲金属导管

可弯曲金属导管，基本型（KZ）材质为外层热镀锌钢带绕制而成内壁特殊绝缘树脂层，防水型（KV）在基本型基础上外包塑软质聚氯乙烯，阻燃型（KVZ）在基本型基础上外包覆软质阻燃聚氯乙烯，用作电线、电缆、自动化仪表信号的电线电缆保护管，规格从3mm到130mm。超小口径金属电线保护套管（内径3～25mm）主要用于精密光学尺之传感线路保护、工业传感器线路保护，具有良好的柔软性、耐蚀性、耐高温、耐磨损、抗拉性。

4）金属柔性导管

金属柔性导管是现代工业设备连接管线中的重要组成部件。金属柔性导管用作电线、电缆、自动化仪表信号的电线电缆保护管和民用淋浴软管，规格从3mm到150mm。小口径金属软管（内径3～25mm）主要用于精密光学尺的传感线路保护、工业传感器线路保护。

（2）非金属导管

在非金属管路中，建筑电气工程应用最广泛的是塑料管。塑料管种类很多，分为热塑性塑料管和热固性塑料管两大类。属于热塑性的有聚氯乙烯管、聚乙烯管、聚丙烯管、聚甲醛管等，属于热固性的有酚塑料管等。

1.1-8
非金属导管

塑料管的主要优点是耐蚀性能好、质量轻、成型方便、加工容易，缺点是强度较低，耐热性差。塑料管一般是以合成树脂，也就是聚酯为原料，加入稳定剂、润滑剂、增塑剂等，以"塑"的方法在制管机内经挤压加工而成，可用作房屋建筑的自来水供水系统配管、排水、排气和排污卫生管、地下排水管系统、雨水管以及电线安装配套用的穿线管等。

1）聚碳酸酯塑料导管（PC管）

PC管，因为其具有高透明度，透光率达92%的特点，誉称"透明金属"，俗称小白龙。是分子链中含有碳酸酯基的高分子聚合物，具有优异的电绝缘性、延伸性、尺寸稳定性及耐化学腐蚀性，较高的强度、耐热性达160℃和耐寒性达–60℃；还具有离火自熄、阻燃、无毒、可着色等优点，且有极佳的耐候性，尤其应用于室外，加工可塑性大，可以制成各种所需要的形状与产品。

2）硬质聚氯乙烯管（PVC管）

PVC管，由聚氯乙烯树脂加入稳定剂、润滑剂等助剂经捏合、滚压、塑化、切粒、挤出成型加工而成，而酸碱，加热搣弯、冷却定型才可用。主要用于电线、电缆的保护套管等。管材长度一般每根4m，颜色一般为灰色。管材连接一般为加热承插式连接和塑料热风焊，弯曲必须加热进行。

3）刚性阻燃管（刚性PVC管）

刚性PVC管，也叫PVC冷弯电线管，分为轻型、中型、重型。管材长度一般每根4m，颜色有白、纯白，弯曲时需要专用弯曲弹簧。管子的连接方式采用专用接头插入法连接，连接处结合面涂专用胶粘剂，接口密封。

4）半硬质阻燃管（FPC管）

FPC管，也叫PVC阻燃塑料管，由聚氯乙烯树脂加入增塑剂、稳定剂及阻燃剂等经挤出成型而得，用于电线保护，一般颜色为黄、红、白色等。管子连接采用专用接头抹塑料胶后粘接，管道弯曲自如无须加热，成捆供应，每捆1000m。

5）聚氯乙烯塑料波纹管（KPC管）

KPC管，又名聚氯乙烯塑料波纹管，是以树脂为主要原料，经挤出成型的塑料波纹电线管。塑料波纹管在结构设计上采用特殊的"环形槽"式异形断面形式，这种管材设计新颖、结构合理，突破了普通管材的"板式"传统结构，使管材具有足够的抗压和抗冲击强度，又具有良好的柔韧性。根据成型方法的不同可分为单壁波纹管、双壁波纹管。广泛用于机床等机械及电箱控制柜的走线连接，并有塑料快速接头配套。

（3）线槽

线槽又名走线槽、配线槽、行线槽，是用来将电源线、数据线等线材规范地整理，固定在墙上或者顶棚上的电工用具。

1.1-9
线槽

根据材质的不同，线槽划分分多种，一般有塑料材质和金属材质两种。常用的有环保PVC线槽、无卤PPO线槽、无卤PC/ABS线槽、钢铝等金属线槽等。

一般使用的塑料线槽规格有20mm×12mm、25mm×12.5mm、25mm×25mm、30mm×15mm、40mm×20mm、14mm×24mm、18mm×38mm等；

金属线槽的规格有50mm×100mm、100mm×100mm、100mm×200mm、100mm×300mm、200mm×400mm等。

（4）桥架

随着社会经济快速发展的趋势，电力安装工程运用对生活意义重大，要保护电力安装工程稳定地传输电力，除了电缆线原材料严格要求外，桥架能为电缆线提供全面的保护。无论是在计算机机房、地下室，或者工业化生产制造行业和安全性能要求高的场所，都能看到桥架的应用。如果有桥架，可以更安全地应用电力工程，桥架维护更方便。

电缆桥架分为槽式电缆桥架、托盘式电缆桥架和梯级式电缆桥架、网格桥架等结构，由支架、托臂和安装附件等组成。可以独立架设，也可以敷设在各种建（构）筑物和管廊支架上，体现结构简单、造型美观、配置灵活和维修方便等特点，安装在建筑物外露天的桥架，全部零件均需进行镀锌处理。

槽式电缆桥架：全密封型桥架，如盒子一般形状，用于敷设电缆。

托盘式电缆桥架：半密封型桥架，它跟槽式电缆桥架的形状十分类似，底部打孔，用于散热。

梯式电缆桥架：它外形一般像梯子形状，中心焊有横杆加固支撑使得重量轻、成本低、承载能力极强、透气性好。

1.1.4 问题思考

1. 填空题

（1）绝缘材料按其化学性质不同分类可分为_____、_____和_____。

（2）导线绞接连接主要适用于绝缘导线的截面积在_____及以下的铝绞线、铜绞线等导线的连接。

（3）建筑电气工程中常用的导管包括_____、_____、_____、_____等。

2. 判断题

（1）一般在强度低的基体（如砖结构）上打孔，其钻孔直径要和膨胀螺栓直径一致。

（2）不同金属导线可以直接连接。

（3）JDG管无需做跨接地。

3. 单选题

（1）常用的绝缘材料包括：气体绝缘材料、_____绝缘材料和固体绝缘材料。

A. 木头　　　　B. 玻璃　　　　C. 胶木　　　　D. 液体

（2）导线有焊接、压接、缠接等多种连接方式，导线连接必须紧密。原则上导线连接处的机械强度不得低于原导线机械强度的_____。

A. 60%　　　　B. 70%　　　　C. 80%　　　　D. 90%

（3）导线与导线的连接方式不正确的是_____。

A. 绞接　　　　B. 焊接　　　　C. 压接　　　　D. 对接

（4）紧定式金属电线管缩写是_____。

A．KBG管　　　　　B．JDG管　　　　　C．PVC管　　　　　D．SC管

4．问答题

（1）绝缘材料有哪些？

（2）紧固材料有哪些？

（3）绝缘导线连接的基本步骤是什么？

（4）桥架有哪些类型？

1.1.5 知识拓展

1.1-10	1.1-11	1.1-12	1.1-13
绝缘导线验收方法	绝缘导线连接	扣压式电气导管的特征	紧固式电气导管的特征

任务 1.2
常用工具、仪表

1.2.1 教学目标与思路

【教学目标】

知识目标	能力目标	素养目标	思政要素
1. 掌握各种施工工具的使用方法； 2. 掌握各种仪表设备的使用方法。	1. 能使用各种施工工具； 2. 能使用各种仪表和设备。	1. 具有良好倾听的能力，能有效地获得各种资讯； 2. 能正确表达自己思想，学会理解和分析问题。	树立以人为本，预防为主，安全第一的思想。

【学习任务】学会不同工具、仪表、设备的使用方法，为后续工序的学习打基础。

【建议学时】2~4学时

【思维导图】

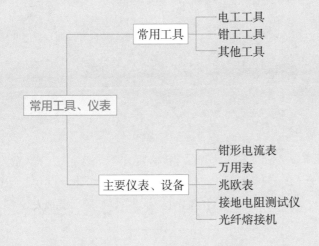

1.2.2 学生任务单

任务名称		常用工具、仪表	
学生姓名		班级学号	
同组成员			
负责任务			
完成日期		完成效果	
		教师评价	

学习任务	1. 掌握各种施工工具的使用方法； 2. 掌握各种仪表设备的使用方法。			
自学简述	课前预习	学习内容、浏览资源、查阅资料		
	拓展学习	任务以外的学习内容		
任务研究	完成步骤	用流程图表达		
	任务分工	任务分工	完成人	完成时间

	本人任务	
	角色扮演	
	岗位职责	
	提交成果	

任务实施	完成步骤	第1步	
		第2步	
		第3步	
		第4步	
		第5步	
	问题求助		
	难点解决		
	重点记录	完成任务过程中，用到的基本知识、公式、规范、方法和工具等	成果提交
学习反思	不足之处		
	待解问题		
	课后学习		

过程评价	自我评价（5分）	课前学习	时间观念	实施方法	知识技能	成果质量	分值
	小组评价（5分）	任务承担	时间观念	团队合作	知识技能	成果质量	分值

1.2.3 知识与技能

1. 知识点——常用工具

（1）电工工具

1）验电器

验电器是检验导线和电气设备是否带电的一种电工常用工具。验电器分低压验电笔和高压验电器两种。

①低压验电笔

低压验电笔，俗称电笔，是一种常用的电工工具。它可以被用来判断照明电路中的零线和火线，也可以被用来判断电器是否存在漏电现象。有数字显示式和发光式两种。

发光式低压验电笔检测电压的范围为60～500V。发光式低压验电笔使用时，以手指触及笔尾的金属体，使氖管小窗背光朝向自己。当用电笔测试带电体时，电流经带电体、电笔、人体到大地形成通电回路，只要带电体与大地之间的电位差超过60V时，电笔中的氖管就发光。低压测电笔有以下几种用途：

a. 区别电压的高低

使用发光式低压验电笔测试时，可根据氖管发亮的强弱来估计电压的高低。一般在带电体与大地间的电位差低于36V，氖管不发光，在60～500V之间氖管发光，电压越高氖管越亮。

数字显示式验电笔的笔端直接接触带电体，手指触及接触测试钮，液晶显示的最后位的电压数值，即是被测带电体电压。

b. 区别相线与零线

在交流电路中，当验电器触及导线时，氖管发亮或液晶显示电压数值的即是相线。

c. 区别直流电与交流电

交流电通过验电笔时，氖管里的两个极同时发亮，直流电通过验电笔时，氖管里两个电极只有一个发亮。

d. 区别直流电的正负极

把测电笔连接在直流电的正负极之间，氖管发亮的一端即为直流电的负极。

e. 识别相线碰壳

用验电笔触及电机、变压器等电气设备外壳，若氖管发亮，则说明该设备相线有碰壳现象。如果壳体上有良好的接地装置，氖管是不会发亮的。

f. 识别相线接地

用验电笔触及三相三线制星形接法的交流电路时，有两根比通常稍亮，而另一根的亮度较暗则说明亮度较暗的相线有接地现象，但还不太严重。如果两根很亮，而另一根不亮，则这一相有接地现象。在三相四线制电路中，当单相接地后，中性线用验电笔测量时，也会发亮。

g．判断绝缘导线是否断线

使用数字显示式验电笔，把笔端放在相线的绝缘层表面或保持适当距离，用手指触及感应测试钮，液晶屏上可显示出电源信号"⚡"，然后将笔端慢慢沿着相线的绝缘层移动，若在某一位置时液晶屏上的电源信号"⚡"消失，则该位置的相线已断线。

②高压验电器

高压验电器又称高压测电器，10kV高压验电器由金属钩、氖管、氖管窗、固紧螺钉、护环和握柄等组成。

高压验电器在使用时，应特别注意手握部位不得超过护环。

2）螺丝刀

螺丝刀又称旋凿或起子，它是一种紧固或拆卸螺钉的工具，螺丝刀的式样和规格很多，按头部形状不同可分为一字形和十字形两种。一字形螺丝刀常用的规格有50mm、100mm、150mm和200mm等规格，电工必备的是50mm和150mm两种。十字形螺丝刀专供紧固或拆卸十字槽的螺钉，常用的规格有四种，Ⅰ号适用于螺钉直径为2～2.5mm，Ⅱ号适用于螺钉直径为3～5mm，Ⅲ号适用于螺钉直径为6～8mm，Ⅳ号为10～12mm。按握柄材料不同又可分为木柄和塑料柄两种。

3）尖嘴钳

尖嘴钳的头部尖细，适用于在狭小的工作空间操作。尖嘴钳也有铁柄和绝缘柄两种，绝缘柄的耐压为500V。

尖嘴钳的用途：如带有刃口的尖嘴钳能剪断细小金属丝，尖嘴钳能夹持较小螺钉、垫圈、导线等元件。在装接控制线路板时，尖嘴钳能将单股导线弯成一定圆弧的接线鼻子。

4）断线钳

断线钳又称斜口钳，钳柄有铁柄、管柄和绝缘柄三种形式。其耐压为1000V。断线钳是专供剪断较粗的金属丝、线材及电线电缆等用。

5）钢丝钳

钢丝钳有铁柄和绝缘柄两种，绝缘柄为电工用钢丝钳，常用的规格有150mm、175mm和200mm三种。电工钢丝钳由钳头和钳柄两部分组成，钳头由钳口、齿口、刀口和铡口四部分组成。钳口用来弯绞或钳夹导线线头，齿口用来紧固或起松螺母，刀口用来剪切导线或剖削软导线绝缘层，铡口用来铡切电线线芯、钢丝或铅丝等较硬金属。

6）剥线钳

剥线钳是用于剥削小直径导线绝缘层的专用工具。它的手柄是绝缘的，耐压为500V。

使用时，将要剥削的绝缘长度用标尺定好以后，即可把导线放入相应的刃口中（比导线直径稍大），用手将钳柄一握，导线的绝缘层即被割破自动弹出。

7）网线钳

网线钳是用来压接网线或电话线和水晶头的工具，因地域不一样名称也不一样：网络端子钳、网络钳、线缆压著钳、网线钳等。

网线接线标准分为568A和568B。不同标准表现在不同线序上。568A：白绿、绿、白橙、蓝、白蓝、橙、白棕、棕；568B：白橙、橙、白绿、蓝、白蓝、绿、白棕、棕。

这种顺序是指水晶头入线口向下，弹片向外，金属脚面向自己从左到右排的。

先用网钳把网线外皮剥去（注意不要把里面的线芯切断）。有的网钳分为压口和剥线口的，有剥线口的就把线塞进去切下就可以不伤害线芯而剥去线皮，没有剥线口的就要小心了。剥去线皮后就露出了八条分一对一对绞在一起的四对线，将每对线分出为一条一条的线。然后按标准顺序排列好，再将线排成一排用手指夹住拉直，再把这八条线插入到水晶头里，让每条线的线头都能接触到金属脚上就把线连同水晶头插到网钳上的压线口，注意不要让线脱离出来，最后用力压下网钳。一般好的水晶头在压上的时候有"嘀"的一声，那就是压好了，质量较差的只能用力压，压好后用手轻拉。如果能拉出来就是没压好，用力拉不出就算接好了，然后将两头接好水晶头的网线用测试仪测试连通状况，如果连通不了，就得重新将接好的水晶头剪掉重接了，一般线芯留1cm就够了，以水晶头能压住外皮为准。

8）电工刀

电工刀是用来剖削电线线头，切割木台缺口，削制木榫的专用工具。使用时，应将刀口朝外剖削，剖削导线绝缘层时，应使刀面与导线成较小的锐角，以免割伤导线。使用电工刀的安全知识如下。

①电工刀使用时应注意避免伤手；

②电工刀用毕，随即将刀身折进刀柄；

③电工刀刀柄是无绝缘保护的，不能在带电导线或器材上剖削，以免触电。

（2）钳工工具

1）锯割工具

常用的锯割工具是手锯，手锯由锯弓和锯条组成。锯弓是用来张紧锯条，分固定式和可调式两种。常用的是可调式。锯条根据锯齿的牙距大小，分有粗齿、中齿和细齿三种，常用的规格是长300mm的一种。锯条的正确选用应根据所锯材料的软硬、厚薄来选用。粗齿锯条适宜锯割软材料或锯缝长的工件，细齿锯条适宜锯割硬材料、管子、薄板料及角钢。锯条安装可按加工需要，将锯条装成直向的或横向的，且锯齿的齿尖方向要向前，不能反装，锯条的绷紧程度要适当，若过紧，锯条会因受力而失去弹性，锯割时稍有弯曲，就会崩断，若安装过松，锯割时不但容易弯曲造成折断，而且锯缝易歪斜。

2）台虎钳

台虎钳又称台钳，是用来夹持工件的夹具，有固定式和回转式两种。台虎钳的规格用钳口的宽度表示，有100mm、125mm和150mm等。台虎钳在安装时，必须使固定钳身的工作面处于钳台边缘以外，钳台的高度在800～900mm之间。

3）手锤

手锤，是钳工常用的敲击工具，常用的规格有0.25kg、0.5kg、1kg等。锤柄长在300～350mm之间。为防止锤头脱落，在顶端打入有倒刺的斜楔1～2个。

4）凿子

凿子又称錾子，是凿削的切削工具。它是用工具钢锻打成形后进行刃磨，并经淬火和回火处理而制成。常用的有阔（扁）凿和狭凿两种。凿削时，凿子的刃口要根据加工材料性质不同，选用合适的几何角度。

5）活络扳手

活络扳手又称活络扳头，是用来紧固和起松螺母的一种专用工具。活络扳手由头部和柄部组成，头部由活络扳唇、呆扳唇、扳口、蜗轮和轴销等构成，旋动蜗轮可调节扳口的大小。规格是以长度×最大开口宽度（单位：mm）来表示，电工常用的活络扳手有150mm×19mm（6in）、200mm×24mm（8in）、250mm×30mm（10in）和300mm×36mm（12in）4种。

6）锉刀

常用的普通锉刀有平锉（又称板锉）、方锉、三角锉、半圆锉和圆锉。锉刀的齿纹有单齿纹和双齿纹两种。锉削软金属用单齿纹，此外都用双齿纹。双齿纹又分粗、中、细等各种齿纹。粗齿锉刀一般用于锉削软金属材料，加工余量大或精度、光洁度要求不高的工件，细齿锉刀则用在与粗齿锉刀相反的场合。

（3）其他工具

1）喷灯

喷灯是一种利用喷射火焰对工件进行加热的工具，常用来焊接铅包电缆的铅包层，大截面铜导线连接处的搪锡，以及其他电连接表面的防氧化镀锡等。按使用燃料的不同，喷灯分煤油喷灯（MD）和汽油喷灯（QD）两种。喷灯的使用方法如下：

①加油：旋下加油阀上的螺栓，倒入适量的油，一般以不超过桶体的3/4为宜，保留一部分空间储存压缩空气以维持必要的空气压力。加完油后应旋紧加油口的螺栓，关闭放油阀的阀杆，擦净洒在外部的汽油，并检查喷灯各处是否有渗漏现象。

②预热：在预热燃烧盘（杯）中倒入汽油，用火柴点燃，预热火焰喷头。

③喷火：待火焰喷头烧热后，燃烧盘中汽油烧完之前，打气3～5次，将放油阀旋松，使阀杆开启，喷出油雾，喷灯即点燃喷火。而后继续打气，到火力正常时为止。

④熄火：如需熄灭喷灯，应先关闭放油调节阀，直到火焰熄灭，再慢慢旋松加油口螺栓，放出筒体内的压缩空气。

使用喷灯的安全知识：

①不得在煤油喷灯的桶体内加入汽油。

②汽油喷灯在加汽油时，应先熄火，再将加油阀上螺栓旋松，听见放气声后不要

再旋出，以免汽油喷出，待气放尽后，方可开盖加油。

③在加汽油时，周围不得有明火。

④打气压力不可过高，打气完后，应将打气柄卡牢在泵盖上。

⑤在使用过程中应经常检查油桶内的油量是否少于桶体容积的1/4，以防桶体过热发生危险。

⑥经常检查油路密封圈零件配合处是否有渗漏跑气现象。

⑦使用完毕应将剩气放掉。

2）射钉枪

射钉枪是利用枪管内弹药爆发时的推力，将特殊形状的螺钉（射钉）射入钢板或混凝土构件中，以安装或固定各种电气设备、仪器仪表、电线电缆以及水电管道。它可以代替凿孔、预埋螺钉等手工劳动，提高工程质量，降低成本，缩短施工周期，是一种先进的安装工具。

3）电钻

一般工件也可用电钻钻孔。电钻有手枪式和手提式两种。通常采用的电压为220V或36V的交流电源。为保证安全，使用电压为220V的电钻时，应戴绝缘手套，在潮湿的环境中应采用电压为36V的电钻。常用的钻头是麻花钻。柄部是用来夹持、定心和传递动力用的，钻头直径为13mm以下的一般都制成直柄式，直径为13mm以上的一般都制成锥柄式。

4）冲击电钻和电锤

冲击电钻是一种旋转带冲击的电钻，一般制成可调式结构。当调节环在旋转无冲击位置时，装上普通麻花钻头能在金属上钻孔，当调节环在旋转带冲击位置时，装上镶有硬质合金的钻头，能在砖石、混凝土等脆性材料上钻孔，单一的冲击是非常轻微的，但每分钟40000多次的冲击频率可产生连续的力。电锤是依靠旋转和捶打来工作。钻头为专用的电锤钻头，单个锤打力非常高，并具有每分钟1000～3000次的捶打频率，可产生显著的力。与冲击钻相比，电锤需要最小的压力来钻入硬材料，例如石头和混凝土，特别是相对较硬的混凝土。用电锤凿孔并使用膨胀螺栓，可提高各种管线、设备等安装速度和质量，降低施工费用。在使用过程中不要外加很大的力，钻深孔须分几次完成。

5）代丝（又称套丝、套扣和板牙架）

①攻丝工具

用丝锥在孔中切削出内螺纹称为攻丝，套扣是利用板牙在圆杆上切削出外螺纹。丝锥是加工内螺纹的工具。常用的有普通螺纹丝锥和圆柱形丝锥两种。螺纹牙形代号分别是M和G，如M10表示是粗牙普通螺纹，公称外径为10mm。M16×1表示是细牙普通螺纹，公称外径是16mm，牙距是1mm，$\frac{3}{4}$G表示的是圆柱管螺纹，配用的$\frac{3}{4}$in。丝锥有头锥、二锥、三锥。

管子内径为英寸（圆柱管螺纹通常都以英制标称）。M6～M14的普通螺纹丝锥两只一套，小于M6和大于M14的普通螺纹丝锥为三只一套，圆柱管螺纹丝锥为两只一套。

绞手是用来夹持丝锥的工具。常用的是活络绞手，绞手长度应根据丝锥尺寸来选择。小于和等于M6的丝锥，选用长度为150～200mm的绞手，M8～M10的丝锥，选用长度为200～250mm的绞手，M12～M14的丝锥，选用长度为250～300mm的绞手，大于和等于M16的丝锥，选用长度为400～450mm的绞手。

丝锥的使用要求：

a. 丝锥选用的内容通常有外径、牙形、精度和旋转方向等。应根据所配用的螺栓大小选用丝锥的公称规格。

b. 攻丝前应确定底孔直径，底孔直径应比丝锥螺纹小径略大。还要根据工件材料性质来考虑。

c. 旋向分左旋和右旋，即俗称倒牙和顺牙，通常都只用右旋的一种。

②套丝工具

板牙是加工外螺纹的工具。常用的有圆板牙和圆柱管板牙两种。圆板牙如同一个螺母，在上面有几个均匀分布的排屑孔，以此形成刀刃。

M3.5以上的圆板牙，外圆上有四个螺钉坑，借助绞手上的四个相应位置的螺钉将板牙紧固在绞手上。另有一条V形槽，当板牙磨损后，可用片状砂轮或锯条沿V形槽将板牙磨割出一条通槽，用绞手上方两个调紧螺钉，拧紧顶板牙上面的两螺钉坑内，即可使板牙的螺纹尺寸变小。

板牙绞手用于安装板牙，与板牙配合使用。板牙外圆上有五只螺钉，其中均匀分布的四只螺钉起紧固板牙作用，上方的两只并兼有调节小板牙螺纹尺寸的作用，顶端一只起调节大板牙螺纹尺寸作用，这只螺钉必须插入板牙的V形槽内。

2. 知识点——主要仪表、设备

（1）钳形电流表

在施工现场临时需要检查电气设备的负载情况或线路流过的电流时，若用普通电流表，就要先把线路

断开，然后把电流表串联到电路中，费时费力，很不方便。如果使用钳形电流表，就无须把线路断开，可直接测出负载电流的大小。

钳形电流表由电流互感器和电流表组成，外形像钳子一样。上部是一穿心式电流互感器，其工作原理与一般电流互感器完全相同。当把被测载流导线卡入钳口时（此时载流导线就是电流互感器一次绕组），二次绕组中便将出现感应电流，和二次绕组相连的电流表的指针即发生偏转，从而指示出被测载流导线上电流的数值。

使用钳形电流表时，应注意以下问题：

1）测量时，被测载流导线的位置应处在钳形口的中央，以免产生误差。

2）测量前应估计被测电流大小和电压大小，选择合适量程，或者先放在最大量程

挡上进行测量，然后根据测量值的大小再变换合适的量程。

3）钳口应紧密结合。如有杂声可重新开口一次。如仍有杂声应检查钳口是否有污垢，如有污垢，则应清除后再行测量。

4）测量完毕一定要注意把量程开关放置在最大量程位置上，以免下次使用时，由于疏忽未选择量程就进行测量而损坏电表。

（2）万用表

万用表是电工经常使用的一种多用途、多量程便

携式仪表。它可以测量直流电流、直流电压、交流电

压和电阻，有的还可以测量交流电流、电感、电容等，是电气安装工作中必不可少的测试工具。万用表根据其读数盘的形式，分为指针式和数字式两种。指针式万用表主要由表头（测量机构）、测量电路和转换开关组成。

指针式万用表的使用方法及注意事项如下：

1）测量前需检查转换开关是否处在所测挡位上，不能放错。如果被测的是电压而转换开关置于电流或电阻，将会导致仪表损坏。另外还要检查指针是否在机械零位上，如不指零位上，可旋转表盖上的调零旋钮，使指针指示在零位上。

测量前要检查表笔接的位置是否正确，应使表笔红、黑头分别插入"＋""－"插孔中。如果测量交直流2500V电压或直流5A电流，红表笔应分别插到标有"2500V"或"5A"的插座中。将转换开关转至需要的量程位置上，当测量不详时，先用高挡量程试测，然后再改用合适的量程。测直流时，要注意正、负极性，测电流时，将表笔与电路串联，测电压时，表笔与电路并联。

2）测量直流电流。将选择开关旋至欲测量的直流电流挡，再将测试笔串联在电路中，读数看直流电流刻度。注意切勿跨接在电源两端，使电表过载而烧坏。

3）交直流电压测量。将选择开关转到所需电压挡，若测量未知交直流电压时，应先将选择开关转到最大量程的一挡，根据指示值的大约数，再选择适当的测量挡，使指示值得到最大偏转值，以免损坏电路。

4）直流电阻测量

选择倍率，使被测电阻接近该挡的欧姆中心值。将转换开关旋至欲测的"Ω"挡内。

测量前应首先进行欧姆调零，即将表笔短接，调节欧姆调零器，使指针指在欧姆标尺上的零位。如果旋动"欧姆调零旋钮"也无法使指针到达零位，则说明电池电压太低，已不符合要求，这时必须更换新电池。

严禁在被测电阻带电情况下测量，否则不但测量结果无效，而且有可能烧坏表头。

测电阻，尤其是大电阻，不能用手接触表笔的导电部分，以防影响测量结果。

测晶体管参数时，尽量不用×1挡、×10挡，因为此时电池提供的电流较大，易烧管子，也不要用×10k挡，因为该挡电池电压较高，易使管子击穿。

测非线性元件（如二极管）正向电阻时，若用不同倍率挡，其测量结果会不同。

5）电容测量。将转换开关旋至交流25V挡，被测电容串接于一测试表笔，再跨接于25V交流电压两端，在电容标度上读出电容值。

6）电感测量。将转换开关旋至交流5V挡，被测电感串接于一测试棒，再跨接于5V交流电压两端，读数见电感标度上的指示数值。

7）使用指针式万用表时，不能用手接触测试笔的金属部分，以保证安全。仪表在测试较高电压和较大电流时，不能带电转动转换旋钮。

8）使用万用表后，应将转换开关旋至"关"（OFF）的位置，没有该挡位置时，则应置于交流电压的最高挡。这样防止转换开关在欧姆挡时表笔短路，更重要的是在下一次测量时，不注意转换开关的位置去测量电压，易损坏万用表。

（3）兆欧表

兆欧表俗称摇表，是专门用于检查和测量电气设备或线路绝缘电阻的一种可携式仪表。绝缘电阻是不能用万用表检查的，因为绝缘电阻的阻值都比较大，可达几兆欧到几百兆欧。万用表电阻挡对这个范围的电阻测量不准确，更主要的是万用表测量电阻时，所用的电源电压比较低，在低电压下呈现的绝缘电阻值，不能反映在高电压作用下的绝缘电阻的真正数值。因此，绝缘电阻必须用备有高压电源的兆欧表进行测量。

兆欧表的种类很多，但其基本结构相同，主要由测量机构、测量线路和高压电源组成。高压电源多采用手摇发电机，其输出电压有500V、1000V、2500V和5000V几种。现在又出现了用晶体管直流变换器，代替手摇发电机的兆欧表，如ZC30型。

被测绝缘电阻R_x接于兆欧表的"线"与"地"端钮之间，此外在"线"端钮外圈还有一个铜质圆环，叫保护环，又称屏蔽接线端钮，符号为"G"，它与发电机的负极直接相连。

被测绝缘电阻R_x与附加电阻R_1及比率表中的动圈1串联，流过线圈1的电流I_1与R_x的大小有关。R_x越小，I_1就越大，磁场与I_1相互作用而产生的转动力矩M1就越大，使指针向标度尺"0"的方向偏转。I_2与R_x无关，它与磁场相互作用而产生的力矩M2与M1相反，相当于游丝的反作用力矩，使指针稳定。

兆欧表的额定电压应与被测电气设备或线路的额定电压相对应，其测量范围也应与被测绝缘电阻的范围相吻合。根据《电气装置安装工程　电气设备交接试验标准》GB 50150—2016规定，测量绝缘电阻时，选用兆欧表的电压等级如下：

100V以下的电气设备或回路，采用250V兆欧表；

500V以下至100V的电气设备或回路，采用500V兆欧表；

3000V以下至500V的电气设备或回路，采用1000V兆欧表；

10000V以下至3000V的电气设备或回路，采用2500V兆欧表；

10000V及以上的电气设备或回路，采用2500V或5000V兆欧表。

测量前应将被测设备的电源切断，并进行短路放电，以保证安全。被测对象的表面应清洁、干燥。兆欧表与被测设备间的连接线不能用双股绝缘线和绞线，而应用单根绝缘线分开连接。两根连线不可缠绞在一起，也不可与被测设备或地面接触，以免导线绝缘不良而产生测量误差。测量前应先将兆欧表进行一次开路和短路试验。将兆欧表上"线"和"地"端钮上的连接开路，摇动手柄达到额定转速，指针应指到"∞"处，然后将"线"和"地"端钮短接，指针应指在"0"处，否则应调修兆欧表。

在测量线路绝缘电阻时，兆欧表"L"端接芯线，"E"端接大地，所测数值即为芯线与大地间的绝缘电阻。对于电缆线路，除了"E"端接电缆外皮，"L"端接缆芯外，还需将电缆的绝缘层接于保护环端钮"G"上，以消除因表面漏电而引起的误差。

测量时，摇动手柄的速度由慢逐渐加快，并保持匀速（120r/min），不得忽快忽慢。读数以1min以后的读数为准。

测量电容器或较长的电缆等设备绝缘电阻后，应将"L"的连接线断开，以免被测设备向兆欧表倒充电而损坏仪表。

测量完毕后，在手柄未完全停止转动和被测对象没有放电之前，切不可用手触及被测对象的测量部分和进行拆线，以免触电。

（4）接地电阻测量仪

具体使用方法见任务5.1，知识点3。

（5）光纤熔接机

光纤熔接机主要用于光通信中光缆的施工和维护，所以又叫光缆熔接机。一般工作原理是利用高压电弧将两光纤断面熔化的同时用高精度运动机构平缓推进让两根光纤融合成一根，以实现光纤模场的耦合。

1.2-5
光纤熔接机

普通光纤熔接机一般是指单芯光纤熔接机，除此之外，还有专门用来熔接带状光纤的带状光纤熔接机，熔接皮线光缆和跳线的皮线熔接机，和熔接保偏光纤的保偏光纤熔接机等。

按照对准方式不同，光纤熔接机还可分为两大类：包层对准式和纤芯对准式。包层对准式主要适用于要求不高的光纤入户等场合，所以价格相对较低；纤芯对准式光纤熔接机配备精密六电机对芯机构、特殊设计的光学镜头及软件算法，能够准确识别光纤类型并自动选用与之相匹配的熔接模式来保证熔接质量，技术含量较高，因此价格相对也会较高。最常见的单芯光纤熔接机的使用方法一般都基本相同：

1）开剥光缆，并将光缆固定到盘纤架上。常见的光缆有层绞式、骨架式和中心束管式光缆，不同的光缆要采取不同的开剥方法，剥好后要将光缆固定到盘纤架。

2）将剥开后的光纤分别穿过热缩管。不同束管、不同颜色的光纤要分开，分别穿过热缩管。

3）打开熔接机电源，选择合适的熔接方式。光纤常见类型规格有：SM色散非位移单模光纤（ITU-T G.652）、MM多模光纤（ITU-T G.651）、DS色散位移单模光纤

（ITU-T G.653）、NZ非零色散位移光纤（ITU-T G.655），BI耐弯光纤（ITU-T G.657）等，要根据不同的光纤类型来选择合适的熔接方式，而最新的光纤熔接机有自动识别光纤的功能，可自动识别各种类型的光纤。

4）制备光纤端面。光纤端面制作的好坏将直接影响熔接质量，所以在熔接前必须制备合格的端面。用专用的剥线工具剥去涂覆层，再用蘸有酒精的清洁麻布或棉花在裸纤上擦拭几次，使用精密光纤切割刀切割光纤，对0.25mm（外涂层）光纤，切割长度为8～16mm，对0.9mm（外涂层）光纤，切割长度只能是16mm。

5）放置光纤。将光纤放在熔接机的V形槽中，小心压上光纤压板和光纤夹具，要根据光纤切割长度设置光纤在压板中的位置，并正确地放入防风罩中。

6）接续光纤。按下接续键后，光纤相向移动，移动过程中，产生一个短的放电清洁光纤表面，当光纤端面之间的间隙合适后熔接机停止相向移动，设定初始间隙，熔接机测量，并显示切割角度。在初始间隙设定完成后，开始执行纤芯或包层对准，然后熔接机减小间隙（最后的间隙设定），高压放电产生的电弧将左边光纤熔到右边光纤中，最后微处理器计算损耗并将数值显示在显示器上。如果估算的损耗值比预期的要高，可以按放电键再次放电，放电后熔接机仍将计算损耗。

7）取出光纤并用加热器加固光纤熔接点。打开防风罩，将光纤从熔接机上取出，再将热缩管移动到熔接点的位置，放到加热器中加热，加热完毕后从加热器中取出光纤。操作时，由于温度很高，不要触摸热缩管和加热器的陶瓷部分。

8）盘纤并固定。将接续好的光纤盘到光纤收容盘上，固定好光纤、收容盘、接头盒、终端盒等，操作完成。

1.2.4　问题思考

1．填空题

（1）验电器分_____验电笔和_____验电器两种。

（2）在使用万用表测量电流量，须将万用表_____在电路当中，测量电压时，须将万用表_____在电路中。

（3）使用兆欧表测量绝缘电阻时，摇动手柄的速度是_____r/min，由慢逐渐加快，并保持匀速。

2．判断题

（1）锯条安装是有方向要求的，不能反装。

（2）钳形电流表可以不停电进行测量。

（3）可以用万用表代替兆欧表测量设备绝缘电阻值。

3．单选题

（1）平行网线568B标准网线顺序为_____。

A．白橙、橙、白绿、蓝、白蓝、绿、白棕、棕

B．白橙、橙、白绿、绿、白蓝、蓝、白棕、棕

C．白绿、绿、白橙、蓝、白蓝、橙、白棕、棕

D．橙、白橙、绿、白绿、蓝、白蓝、棕、白棕

（2）兆欧表的E端接_____。

A．地　　　　　B．线路　　　　　C．相线　　　　　D．正极

（3）接地电阻测试仪主要用于_____的测量。

A．线圈绝缘电阻　　　　　　　B．电气设备绝缘

C．电气接地装置的接地电阻　　　D．瓷瓶、母线

4．问答题

（1）简述低压测电笔的用途。

（2）测量绝缘电阻时，如何选用兆欧表的电压等级？

（3）简述光纤熔接的程序。

1.2.5 知识拓展

1.2-6 网线钳	1.2-7 兆欧表使用操作	1.2-8 接地电阻测量仪操作规程	1.2-9 光纤熔接机日常维护

项目 2

综合管线敷设

任务 2.1 线管敷设

2.1.1 教学目标与思路

【教学目标】

知识目标	能力目标	素养目标	思政要素
1. 了解综合线管敷设的原则及要求; 2. 熟悉线管选择的原则; 3. 熟悉线管加工、连接及敷设的方法。	1. 能选择合适的线管; 2. 能加工、连接及敷设线管。	1. 具有良好倾听的能力,能有效地获得各种资讯; 2. 能正确表达自己思想,学会理解和分析问题。	树立以人为本,预防为主,安全第一的思想。

【学习任务】学会不同环境选择合适的线管,对线管进行加工、连接以及敷设,为后续工序的学习打基础。

【建议学时】6~8学时

【思维导图】

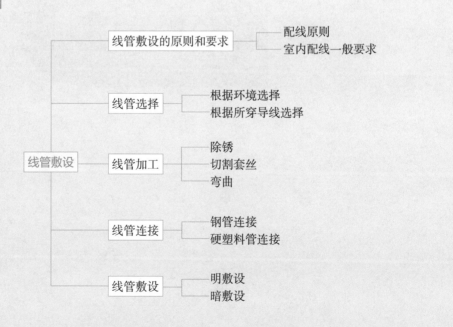

2.1.2 学生任务单

任务名称	线管敷设	
学生姓名	班级学号	
同组成员		
负责任务		
完成日期	完成效果	
	教师评价	

学习任务	1. 了解综合线管敷设的原则及要求； 2. 熟悉线管选择的原则； 3. 熟悉线管加工、连接及敷设的方法。		
自学简述	课前预习	学习内容、浏览资源、查阅资料	
	拓展学习	任务以外的学习内容	
任务研究	完成步骤	用流程图表达	
	任务分工	任务分工	完成人	完成时间

任务分工	完成人	完成时间

		本人任务	
		角色扮演	
		岗位职责	
		提交成果	

任务实施	完成步骤	第1步	
		第2步	
		第3步	
		第4步	
		第5步	
	问题求助		
	难点解决		
	重点记录	完成任务过程中，用到的基本知识、公式、规范、方法和工具等	成果提交
学习反思	不足之处		
	待解问题		
	课后学习		

过程评价	自我评价（5分）	课前学习	时间观念	实施方法	知识技能	成果质量	分值
	小组评价（5分）	任务承担	时间观念	团队合作	知识技能	成果质量	分值

2.1.3　知识与技能

线管敷设通常有明配和暗配两种。明配是把线管敷设于墙壁、桁架等表面明露处，要求横平竖直、整齐美观。暗配是把线管敷设于墙壁、地坪或楼板内等处，要求管路短、弯曲少，以便于穿线。

1. 知识点——管线敷设的原则和要求

（1）配线原则

2.1-1
管线敷设的原则和要求

室内配线，首先应符合电气装置安装的基本原则：

1）安全。室内配线及电气设备必须保证室内安全运行。因此，施工时选用的电气设备和材料应符合图纸要求，必须是合格产品。施工中对导线的连接、接地线的安装以及导线的敷设等均应符合质量要求，以确保运行安全。

2）可靠。室内配线是为了供电给用电设备而设置的。有的室内配线由于不合理的设计与施工，造成很多隐患，给室内用电设备运行的可靠性造成很大影响。因此，必须合理布局，安装牢固。

3）经济。在保证安全可靠运行和发展的可能条件下，应该考虑其经济性，选用最合理的施工方法，尽量节约材料。

4）方便。室内配线应保证操作运行可靠，使用和维修方便。

5）美观。室内配线施工时，配线位置及电器安装位置的选定，应注意不要损坏建筑物的美观，且应有助于建筑物的美化。

配线施工除考虑以上几条基本原则外，还应使整个线路布置合理、整齐、安装牢固。在整个施工过程中，还应严格按照其技术要求，进行合理的施工。

（2）室内配线一般要求

1）所用导线的额定电压应大于线路的工作电压。导线的绝缘应符合线路的安装方式和敷设环境的条件。导线截面积应能满足供电质量和机械强度的要求。导线线芯允许最小界面截面积见表2.1-1所列数值。

线芯允许最小截面积　　　　　　　　　　　　　表2.1-1

敷设方式及用途	线芯最小截面积（mm²）		
	铜芯软线	铜线	铝线
一、敷设在室内绝缘支持件上的裸导线		2.5	4
二、敷设在绝缘支持件上的绝缘导线其支持点间距为			
（1）1m及以下　　室内		1.0	1.5
室外		1.5	2.5

敷设方式及用途	线芯最小截面积（mm²）		
	铜芯软线	铜线	铝线
（2）2m及以下　室内		1.0	2.5
室外		1.5	2.5
（3）6m及以下		2.5	4
（4）12m及以下		2.5	6
三、穿管敷设的绝缘导线	1.0	1.0	2.5
四、槽板内敷设的绝缘导线		1.0	1.5
五、塑料护套线敷设		1.0	1.5

2）导线敷设时，应尽量避免接头。因为常常由于导线接头质量不好而造成事故。若必须接头时，应采用压接或焊接。

3）导线在连接和分支处，不应受机械力的作用，导线与电器端子连接时要牢靠压实。

4）穿在管内的导线，在任何情况下都不能有接头，必须接头时，可把接头放在接线盒或灯头盒、开关盒内。

5）各种明配线应垂直和水平敷设，要求横平竖直，导线水平高度距地不应小于2.5m；垂直敷设不低于1.8m，否则应加管、槽保护，以防机械损伤。

6）导线穿墙时应装过墙管保护，过墙管两端伸出墙面不小于10mm，当然太长也不美观。

7）当导线沿墙壁或顶棚敷设时，导线与建筑物之间的最小距离：瓷夹板配线不应小于5mm，瓷瓶配线不小于10mm。在通过伸缩缝的地方，导线敷设应稍有松弛。对于线管配线应设补偿盒，以适应建筑物的伸缩性。当导线互相交叉时，为避免碰线，应在每根导线上套以塑料管，并将套管固定，避免窜动。

8）为确保用电安全，室内电气管线与其他管道间应保持一定距离，见表2.1-2。施工中，如不能满足距离要求时，则应采取如下措施：电气管线与蒸汽管不能保持规定距离时，可在蒸汽管外包隔热层，这样平行净距可减到200mm，交叉距离须考虑施工维修方便，但管线周围温度应经常在35℃以下。电气管线与供暖水管不能保持规定距离时，可在供暖水管外包隔热层。裸导线应敷设在管道上面，当不能保持规定距离时，可在裸导线外加装保护网或保护罩。

室内配线与管道间最小距离　　　　　　表2.1-2

管道名称		配线方式		
		穿管配线	绝缘导线明配线	裸导线配线
		最小距离（mm）		
蒸汽管	平行	1000/500	1000/500	1500
	交叉	300	300	1500
供暖、热水管	平行	300/200	300/200	1500
	交叉	100	100	1500
通风、上下水压缩空气管	平行	100	200	1500
	交叉	50	100	1500

注：表中分子数字为电气管线敷设在管道上面的距离、分母数字为电气管线敷设在管道下面的距离。

2. 知识点——线管选择

2.1-2
线管选择

常用的线管有低压流体输送钢管（又称焊接钢管，分镀锌和不镀锌两种，其管壁较厚，管径以内径计算）、电线管（管壁较薄，管径以外径计算）、硬塑料管、半硬塑料管、塑料波纹管、软塑料管和软金属管（俗称蛇皮管）等。

线管的选择，首先应根据敷设环境决定采用哪种管子，然后再决定管子的规格。一般明配于潮湿场所和埋于地下的管子，均应使用厚壁钢管，明配或暗配于干燥场所的钢管，宜使用薄壁钢管。硬塑料管适用于室内或有酸、碱等腐蚀介质的场所。但不得在高温和易受机械损伤的场所敷设。半硬塑料管和塑料波纹管适用于一般民用建筑的照明工程暗敷，但不得在高温场所敷设。软金属管多用来作为钢管和设备的过渡连接。

管子规格的选择应根据管内所穿导线的根数和截面积决定，一般规定管内导线的总截面积（包括外护层）不应超过管子截面积的40%。可参考表2.1-3选择管线的外径。

单芯导线穿管外径选择　　　　　　表2.1-3

线芯截面积（mm²）	焊接钢管（管内导线根数）									电线管（管内导线根数）									线芯截面积（mm²）
	2	3	4	5	6	7	8	9	10	10	9	8	7	6	5	4	3	2	
1.5	15mm		20mm		25mm		32mm			25mm			20mm						1.5
2.5	15mm		20mm			25mm			32mm	25mm			20mm						2.5
4	15mm	20mm		25mm			32mm			32mm			25mm			20mm			4
6		20mm			25mm			32mm		40mm		32mm			58mm			20mm	6
10	20mm	25mm		32mm		40mm		50mm				40mm		32mm		25mm			10
16		25mm	32mm		40mm		50mm					40mm		32mm					16

续表

线芯截面积（mm²）	焊接钢管（管内导线根数）									电线管（管内导线根数）									线芯截面积（mm²）
	2	3	4	5	6	7	8	9	10	10	9	8	7	6	5	4	3	2	
25	32mm		40mm		50mm		70mm									40mm		32mm		26
35	32mm	40mm	50mm			70mm	80mm									40mm				35
50	40mm	50mm		70mm			80mm													
70	50mm		70mm		80mm															
95	50mm	70mm		80mm																
120	70mm		80mm																	
150	70mm	80mm																		
185	70mm	80mm																		

所选用的线管不应有裂缝和扁折、无堵塞。钢管管内应无铁屑及毛刺，切断口应锉平，管口应刮光。

3．知识点——线管加工

2.1-3
线管加工

需要敷设的线管，应在敷设前进行一系列的加工，如除锈、切割、套丝和弯曲。

（1）除锈涂漆

对于钢管，为防止生锈，在配管前应对管子进行除锈、刷防腐漆。管子内壁除锈，可用圆形钢丝刷，两头各绑一根铁丝，穿过管子，来回拉动钢丝刷，把管内铁锈清除干净。管子外壁除锈，可用钢丝刷打磨，也可用电动除锈机。除锈后，将管子的内外表面涂以防锈漆。但钢管外壁刷漆要求与敷设方式与钢管种类有关。

1）埋入混凝土内的钢管不刷防腐漆；

2）埋入道渣垫层和土层内的钢管应刷两道沥青或使用镀锌钢管；

3）埋入砖墙内的钢管应刷红丹漆等防腐漆；

4）钢管明敷时，焊接钢管应刷一道防腐漆，一道面漆（若设计无规定颜色，一般用灰色漆）；

5）埋入有腐蚀的土层中的钢管，应按设计规定进行防腐处理。电线管一般因为已刷防腐黑漆，故只需在管子焊接处和连接处以及漆脱落处补刷同样色漆。

（2）切割套丝

在配管时，应根据实际情况对管子进行切割。管子切割时严禁用气割，应使用钢锯或电动无齿锯进行切割。

管子和管子连接，管子和接线盒、配电箱的连接，都需要在管子端部进行套丝。焊接钢管套丝，可用管子绞板（俗称代丝）或电动套丝机，常用的有 $\frac{1}{2}'' \sim 2''$ 和 $2\frac{1}{4}'' \sim 4''$

两种。电线管和硬塑料管套丝，可用圆丝板。

套丝时，先将管子固定在管子压力上压紧，然后套丝。如利用电动套丝机，可提高工效。电线管和硬塑料管的套丝与此类似，比较方便。套完丝后，应随即清理管口，以免管口异物割破导线绝缘。

（3）弯曲

根据线路敷设的需要，线管改变方向时需要将管子弯曲。但在线路中，管子弯曲多会给穿线和维护换线带来困难。因此，施工时要尽量减少弯头。为便于穿线，管子的弯曲后的角度，一般不应小于90°。管子弯曲半径，明配时，一般不小于管外径的6倍，只有一个弯时，可不小于管外径的4倍。暗配时，不应小于管外径的6倍。埋于地下或混凝土楼板内时，不应小于管外径的10倍。为了穿线方便，在电线管路长度和弯曲超过下列数值时，中间应增设接线盒。

1）管子长度每超过30m，无弯曲时；

2）管子长度每超过20m，有一个弯时；

3）管子长度每超过15m，有两个弯时；

4）管子长度每超过8m，有三个弯时。

管子弯曲，可采用弯管器，弯管机或用热搅法。一般直径小于50mm的管子，可用弯管器，这种方法比较简单方便。操作时，先将管子需要弯曲部位的前段放在弯管器内，管子的焊缝放在弯曲方向的背面或侧面，以防管子弯扁，然后用脚踩住管子，手扳弯管器柄，稍加一定的力，使管子略有弯曲，再逐点移动弯管器，使管子弯成所需的弯曲半径和角度。小口径的厚壁钢管也可用氧乙炔焰加热，弯制。

管径50mm以上的管子，可用弯管机或热搅法，用弯管机时，要根据管子弯曲半径的要求选择模具的规格。使用热搅法时，为防止管子弯扁，可先在管内填满沙子（烘干的沙子）。在装填沙子时，要边装沙子边敲打管子，使其填实，然后用木塞堵住两端。进行局部加热时，管子应慢慢转动，使管子的加热部位均匀受热，然后在胎具内弯曲成型。成型后浇水冷却，倒出沙子。管子的加热长度可根据下式计算：

$$L = \frac{\pi \cdot a \cdot R}{180°}$$

式中　α——弯曲角度，°；

　　　R——弯曲半径，mm。

当α为90°时，搅弯加热长度$L=1.57R$。如G80钢管，弯曲半径R为管外径D（88.5mm）的6倍，则$L=1.57 \times 6 \times 88.5 \approx 834$mm。由于弯头冷却后角度往往要回缩2°～3°，所以在弯制时宜比预定弯曲角度略大2°～3°。

硬塑料管的弯曲，可用热搅法。将塑料管放在电烘箱内加热或放在电炉上加热，待至柔软状态时，把管子放在胎具内弯曲成型。

4. 知识点——线管连接

金属导管应与保护导体可靠连接，并应符合下列

规定：

镀锌钢导管、可弯曲金属导管和金属柔性导管不得熔焊连接。

当非镀锌钢导管采用螺纹连接时，连接处的两端应熔焊焊接，以便保护联结导体。

镀锌钢导管、可弯曲金属导管和金属柔性导管连接处的两端宜采用专用接地卡固定保护联结导体。

机械连接的金属导管，管与管、管与盒（箱）体的连接配件应选用配套部件，其连接应符合产品技术文件要求，当连接处的接触电阻值符合现行国家标准《电缆管理用导管系统 第1部分：通用要求》GB/T 20041.1的相关要求时，连接处可不设置保护联结导体，但导管不应作为保护导体的接续导体。

（1）钢管连接

无论是明敷还是暗敷，一般都采用管箍连接，特别是潮湿场所，以及埋地和防爆线管。为了保证管接口的严密性，管子的丝扣部分应涂以铅油缠上麻丝，用管钳子拧紧，使两管端间吻合，不允许将管子对焊连接。在干燥少尘的厂房内对于直径50mm及以上的管端也可采用套管焊接的方式，套管长度为连接管外径的1.5～3倍，焊接前，先将管子两端插入套管，并使连接管的对口处在套管的中心，然后在两端焊接牢固。钢管采用管箍连接时，要用圆钢或扁钢做跨接线焊在接头处，使管子之间有良好的电气连接，以保证接地的可靠性。跨接线焊接应整齐一致，焊接面不得小于接地线截面积的6倍，不得将管箍焊死。跨接线的选择可参照表2.1-4。

跨接线选择表（单位：mm） 表2.1-4

公称直径		跨接线	
电线管	钢管	圆钢	扁钢
≤32	≤25	$\phi 6$	
40	32	$\phi 8$	
50	40～50	$\phi 10$	
70～80	70～80	$\phi 12$	25×4

钢管进入灯头盒、开关盒、接线盒及配电箱时，暗配管可用焊接固定，管口露出盒（箱）应小于5mm，明配管应用锁紧螺母或护帽固定，露出锁紧螺母的丝扣为2～4扣。

（2）硬塑料管连接

硬塑料管连接通常有两种方法。第一种方法叫插入法。插入法又分为一步插入法和二步插入法。一步插入法适用于50mm及以下的硬塑料管，二步插入法适用于65mm

及以上的硬塑料管。第二种方法叫套接法。

1）一步插入法

将管口倒角。将需要连接的两个管端，一个加工成内斜角（作阴管），一个加工成外斜角（作阳管）。角度均为30°。

将阴管、阳管插接段的尘埃等杂物除净。

将阴管插接段（插接长度为管径的1.1～1.8倍），放在电炉上加热数分钟，使其呈柔软状态。加热温度为145℃左右。

将阳管插入部分涂上胶粘剂（如过氧乙烯胶水等），厚薄要均匀，然后迅速插入阴管，待中心线一致时，立即用湿布冷却，使管口恢复原来硬度。

2）二步插入法

将管口倒角，如一步插入法。

清理插接段，如一步插入法。

阴管加热，把阴管插入温度为145℃的热甘油或石蜡中（也可采用喷灯、电炉、炭火炉加热），加热部分的长度为管径的1.1～1.3倍，待至柔软状态后，即插入已被甘油加热的金属模具，进行扩口，待冷却至50℃时取下模具，再用冷水内外浇，继续冷却，使管子恢复原来硬度。成型模的外径比硬管内径大2.5%左右。

在阴管、阳管插接段涂以胶粘剂，然后把阳管插入阴管内加热阴管使其扩大部分收缩，然后急加水冷却。

此道工序也可改为焊接连接，即将阳管插入阴管后，用聚氯乙烯焊条在接合处焊2～3圈，以保证密封。

3）套接法

先把同直径的硬塑料管加热扩大成套管，然后把需要连接的两管端倒角，并用汽油或酒精将插接端擦干净，待汽油挥发后，涂以胶粘剂，迅速插入热套管中，并用湿布冷却。也可以用焊接方法予以焊牢密封。

半硬塑料管应使用套管粘接法连接，套管的长度不应小于连接管外径的2倍，接口处应用胶粘剂粘接牢固。

塑料波纹管一般情况下很少需要连接。当必须连接时，应采用管接头连接。

5．知识点——线管敷设

线管敷设（俗称配管）。配管工作一般从配电箱开始，逐段配至用电设备处，有时也可以从用电设备端开始，逐段配至配电箱处。

（1）暗配管

在现浇混凝土构件内敷设管子，可用铁丝将管子绑扎在钢筋上，也可以用钉子将管子钉在木模板上，将管子用垫块垫起，用铁线绑牢。垫块可用碎石块，垫高15mm以上。此项工作是在浇筑混凝土前进行的。

当线管配在砖墙内时，一般是随土建砌砖时预埋，否则，应事先在砖墙上留槽或开槽。线管在砖墙内的固定方法，可先在砖缝里打入木楔，再在木楔上钉钉子，用铁线将管子绑扎在钉子上，再将钉子打入，使管子充分嵌入槽内。应保证管子离墙表面净距不小于15mm。

在地坪内，须在土建浇筑混凝土前埋设，固定方法可用木桩或圆钢等打入地中，用铁丝将管子绑牢。为使管子全部埋设在地坪混凝土层内，应将管子垫高，离土层15～20mm，这样，可减少地面湿土对管子的腐蚀作用。

埋于地下的电线管路不宜穿过设备基础，在穿过建筑物基础时，应加保护管保护。

当许多管子并排敷设在一起时，必须使其各管子分开一定距离，以保证其间也灌上混凝土。

进入落地式配电箱的管子应排列整齐，管口应高出基础面不小于50mm。为避免管口堵塞，影响穿线，管子配好后应将管口用木塞或牛皮纸堵好。

管子连接处以及钢管接线盒连接处，要做好接地处理。

当电线管路遇到建筑物伸缩缝、沉降缝时，必须相应做伸缩、沉降处理。一般是装设补偿盒。在补偿盒的侧面开一个长孔，将管端穿入长孔中，而另一端用六角螺母与接线盒拧紧固定。

（2）明配管

明配管应排列整齐、美观，固定点间距均匀。

一般管路应沿建筑物结构表面水平或垂直敷设，其允许偏差在2m以内均为3mm，全长不应超过管子内径的1/2。

当管子沿墙、柱和屋架等处敷设时，可用管卡固定。管卡的固定方法，可用膨胀螺栓或弹簧螺钉直接固定在墙上，也可以固定在支架上。当管子沿建筑物的金属构件敷设时，若金属构件允许点焊，可把厚壁管点焊在钢构件上。

对于薄壁管（电线管）和塑料管只能应用支架和管卡固定。管卡与终端、转弯中点、电气器具或接线盒边缘的距离为150～500mm，线管中间管卡最大允许距离应符合表2.1-5的规定。

线管中间管卡最大允许距离（mm）   表2.1-5

敷设方式	线管类别 最大允许距离 线管直径	15～20	25～30	40～50	65～100
吊梁、支架或 沿墙敷设	焊接钢管	1500	2000	2500	3500
	电线管	1000	1500	2000	
	塑料管	1000	1500	2000	

管子贴墙敷设进入开关、灯头、插座等接线盒内时，要适当将管子撅成双弯（鸭脖弯）。不能使管子斜穿到接线盒内。同时要使管子平整地紧贴建筑物上，在距接线盒300mm处，用管卡将管子固定。在有弯头的地方，弯头两边也应用管卡固定。

明配钢管经过建筑物伸缩缝时，可采用软管进行补偿。将软管套在线管端部，并使金属软管略有弧度，以便基础下沉时，借助软管的弹性而伸缩。

硬塑料管沿建筑物表面敷设时，在直线段上每隔30m要装设一只温度补偿装置，以适应其膨胀性。在支架上空敷设硬塑料管可以改变其挠度来适应长度的变化，所以可不装设补偿装置。

明配硬塑料管在穿楼板时易受机械损伤的地方应用钢管保护，其保护高度距离楼板面不应低于500mm。

在爆炸危险场所内明配钢管时，凡自非防爆车间进入防爆车间的引入口均应采用密封措施，使有爆炸危险的空气不能逸出。

钢管明配线，应在电机的进线口，管路与电气设备连接困难处、管路通过建筑物的伸缩缝、沉降缝处装设防爆挠性连接管，防爆挠性连接管弯曲半径不应小于管外径的5倍。

管子间及管子与接线盒、开关盒之间都必须用螺纹连接，螺纹处必须用油漆麻丝或聚四氟乙烯带缠绕后旋紧，保证密封可靠。油漆麻丝及聚四氟乙烯带缠绕方向应和管子旋紧方向一致，以防松散。

引入电机或其他用电设备的电源线连接点，应用防止松脱的措施，并应放在密封的接线盒或接线罩内。动力电缆不许有中间接头。

2.1.4 问题思考

1. 填空题

（1）一般明配于潮湿场所和埋于地下的管子，均应使用＿＿＿＿＿＿，明配或暗配于干燥场所的钢管，宜使用＿＿＿＿＿＿。

（2）半硬塑料管和塑料波纹管适用于一般民用建筑的照明工程＿＿＿＿＿＿，但不得在高温场所敷设。＿＿＿＿＿＿管多用来作为钢管和设备的过渡连接。

（3）一般规定管内导线的总截面积（包括外护层）不应超过管子截面积的＿＿＿%。

（4）埋入有腐蚀的土层中的钢管，应按设计规定进行＿＿＿＿＿＿处理。

2. 判断题

（1）配管应根据实际情况进行切割，可以采用气割或钢锯、电动无齿锯进行切割。

（2）管子的弯曲角度一般不应小于80°，弯曲半径明配时，一般不小于管外径的5倍。

（3）管子弯曲可采用弯管器，弯管机或热撅法，一般直径小于50mm的管子，可用弯管器。

3．单选题

（1）钢管采用套管焊接连接时，套管的长度为连接管外径的_____。

A．1～2倍　　　　B．1.5～3倍　　　　C．3～5倍　　　　D．4～6倍

（2）半硬塑料管应使用套管粘接法连接，套管的长度不应小于连接管外径的_____倍，接口处应用胶粘剂粘接牢固。

A．1　　　　　　B．2　　　　　　C．3　　　　　　D．4

4．问答题

（1）为了穿线方便，在电线管路长度和弯曲超过哪些数值时，中间应增设接线盒？

（2）钢管为防止生锈在哪些场所需要对管子进行除锈、刷防腐漆？

（3）钢管弯曲需要的工具有哪些？简要说明每种工具的操作方法。

2.1.5 知识拓展

2.1-6 金属管材	2.1-7 塑料管材	2.1-8 线管的应用	2.1-9 质量验收标准

任务 2.2
梯架、托盘和槽盒安装

2.2.1 教学目标与思路

【教学目标】

知识目标	能力目标	素养目标	思政要素
1. 熟悉线槽、桥架的基本概念和主要功能； 2. 掌握梯架、托盘和槽盒安装的工艺工法。	1. 掌握线槽类敷设形式的适应场所、规格和定位方法； 2. 能说明各种敷设方法的主要功能和作用。	1. 具有良好倾听的能力，能有效地获得各种资讯； 2. 能正确表达自己思想，学会理解和分析问题。	树立以人为本，预防为主，安全第一的思想。

【学习任务】对金属线槽类敷设形式有一个全面的了解，金属线槽一般适用于正常环境的室内场所明敷设，通过学习为布线系统的规划、设计、施工和维护打下基础。

【建议学时】2~4学时

【思维导图】

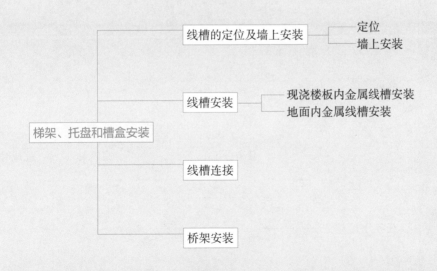

2.2.2 学生任务单

任务名称	梯架、托盘和槽盒安装	
学生姓名	班级学号	
同组成员		
负责任务		
完成日期	完成效果	
	教师评价	

学习任务	1. 掌握线槽类敷设形式的适应场所、规格和定位方法； 2. 能说明各种敷设方法的主要功能和作用； 3. 掌握梯架、托盘和槽盒安装的工艺工法。			
自学简述	课前预习	学习内容、浏览资源、查阅资料		
	拓展学习	任务以外的学习内容		
任务研究	完成步骤	用流程图表达		
	任务分工	任务分工	完成人	完成时间

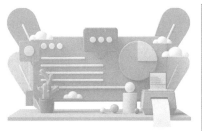

本人任务	
角色扮演	
岗位职责	
提交成果	

		第1步	
任务实施	完成步骤	第2步	
		第3步	
		第4步	
		第5步	
	问题求助		
	难点解决		

		完成任务过程中，用到的基本知识、公式、规范、方法和工具等	成果提交
	重点记录		

	不足之处	
学习反思	待解问题	
	课后学习	

	自我评价（5分）	课前学习	时间观念	实施方法	知识技能	成果质量	分值
过程评价							
	小组评价（5分）	任务承担	时间观念	团队合作	知识技能	成果质量	分值

2.2.3 知识与技能

1. 知识点——线槽的定位及墙上安装

金属线槽一般适用于正常环境的室内场所明敷
设。金属线槽一般由0.4～1.5mm的钢板压制而成。具
有槽盖的封闭式金属线槽。

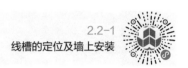
2.2-1
线槽的定位及墙上安装

（1）定位

弹线定位需根据设计图确定出进户线、盒、箱、柜等电气器具的安装位置，从始
端至终端（先干线后支线）找好水平或垂直线，用粉线袋沿墙壁、顶棚和地面等处，在
线路的中心线进行弹线，按照设计图要求及施工验收规范规定，分匀挡距并用笔标出具
体位置。预留孔洞根据设计图标注的轴线部位，将预制加工好的木质或铁制框架，固定
在标出的位置上，并进行调直找正，待现浇混凝土凝固模板拆除后，拆下框架，并抹平
孔洞口（收好孔洞口）。

金属线槽安装前，首先根据图纸确定出电源及箱（盒）等电气设备、器具的安装
位置，然后用粉袋弹线定位，分匀挡距标出线槽支、吊架的固定位置。

金属线槽敷设时，吊点及支持点的距离，应根据工程实际情况确定，一般在直线
段固定间距不应大于3m，在线槽的首端、终端、分支、转角、接头及进出接线盒处应
不大于0.5m。

（2）墙上安装

金属线槽在墙上安装时，可采用M8×35半圆头木螺钉配塑料胀管的安装方式。

金属线槽在墙上水平架空安装也可使用托臂支撑。

金属线槽沿墙垂直敷设时，可采用角钢支架或扁钢支架固定金属线槽，支架的长
度应根据金属线槽的宽度和根数确定。

支架与建筑物的固定应采用M10×80的膨胀螺栓紧固，或将角钢支架预埋在墙内，
线槽用管卡子固定在支架上。支架固定点间距为1.5m，底部支架距楼（地）面的距离不
应小于0.3m。

2. 知识点——线槽安装

地面内暗装金属线槽敷设是综合布线工程中常用
的一种配线形式。

2.2-2
线槽安装

（1）现浇楼板内金属线槽安装

地面内暗装金属线槽由厚度2mm的钢板制成，可直接敷设在混凝土地面、现浇混
凝土楼板或预制混凝土楼板的垫层内。当暗装在现浇混凝土楼板内，楼板厚度不应小于
200mm，当敷设在楼板垫层内时，垫层的厚度不应小于70mm。

（2）地面内金属线槽安装

地面内暗装金属线槽，应根据施工图纸中线槽形式，正确选择单压板或双压板支

架，将组合好的线槽与支架，沿线路走向水平放置在地面或楼板的模板上，然后再进行线槽的连接。

3. 知识点——线槽连接

地面暗装金属线槽的制造长度一般为3m，每0.6m设一出线口，当需要线槽与线槽相互连接时，应采用线槽连接头进行连接。

地面线槽安装时，应及时配合土建地面工程施工。根据地面的形式不同，先抄平，然后测定固定点位置，将安装好地脚螺栓和压板的线槽水平放置在垫层上，然后进行线槽连接。如线槽与管连接，线槽与分线盒连接，分线盒与管连接，线槽出线口连接，线槽末端处理等，都应安装到位，螺栓紧固牢靠。地面线槽及附件全部安装好后，再进行一次系统调整，主要根据地面厚度，仔细调整线槽干线、分支线、分线盒接头、转弯、转角、出口等处，水平高度要求与地面平齐，将各种盒盖盖好，以防止水泥砂浆进入，直至配合土建地面施工结束为止。

4. 知识点——桥架安装

2.2-3
桥架安装

支架与吊架安装所用钢材应平直，无显著扭曲。下料后长短偏差应在5mm范围内，切口处应无卷边、毛刺。钢支架与吊架应焊接牢固，无显著变形、焊缝均匀平整，焊缝长度应符合要求，不得出现裂纹、咬边、气孔、凹陷、漏焊、焊漏等缺陷。

支架与吊架应安装牢固，保证横平竖直，在有坡度的建筑物上安装支架与吊架应与建筑物有相同坡度。支架与吊架的规格一般不应小于扁钢30mm×3mm，扁钢25mm×25mm×3mm。严禁用电气焊切割钢结构或轻钢龙骨的任何部位，焊接后焊接处应做防腐处理。万能吊具应采用定型产品，对线槽进行吊装，并应有各自独立的吊装卡具或支撑系统。固定支点间距一般不应大于1.5~2m。在进出接线盒、箱、柜、转角、转弯和变形缝两端及丁字接头的三端500mm以内应设置固定支持点。

支架与吊架距离上层楼板不应小于150~200mm，距地面高度不应低于100~150mm，严禁用木砖固定支架与吊架。轻钢龙骨上敷设线槽应各自有单独卡具吊装或支撑系统，吊杆直径不应小于5mm，支撑应固定在主龙骨上，不允许固定在辅助龙骨上。预埋吊杆、吊架采用直径不小于5mm的圆钢，经过切割、调直、揻弯及焊接等步骤制作成吊杆、吊架。其端部应攻丝以便于调整。在配合土建结构工程中，应随着钢筋上配筋的同时，将吊杆或吊架锚固在所标出的固定位置。在混凝土浇筑时，要留有专人看护，以防吊杆或吊架移位。拆模板时不得碰坏吊杆端部的丝扣。

预埋铁的自制加工尺寸不应小于120mm×60mm×6mm，其锚固圆钢的直径不应小于5mm。紧密配合土建结构的施工，将预埋铁的平面放在钢筋网片下面，紧贴模板，可以采用绑扎或焊接的方法将锚固圆钢固定在钢筋网上。模板拆除后，预埋铁的平面应明露、或吃进深度一般在10~20mm，再将用扁钢或角钢制成的支架、吊架焊在上面固定。钢结构可将支架或吊架直接焊在钢结构上的固定位置处。也可利用万能吊具进行安装。

金属膨胀螺栓适用于C15以上混凝土构件及实心砖墙上，不适用于空心砖墙。钻孔直径的误差不得超过+0.5～-0.3mm，深度误差不得超过+3mm，钻孔后应将孔内残存的碎屑清除干净。螺栓固定后，其头部偏斜值不应大于2mm。螺栓及套管的质量应符合产品的技术条件。首先沿着墙壁或顶板根据设计图进行弹线定位，标出固定点的位置。根据支架式吊架承受的荷重，选择相应的金属膨胀螺栓及钻头，所选钻头长度应大于套管长度。打孔的深度应以将套管全部埋入墙内或顶板内后，表现平齐为宜。应先清除干净打好的孔洞内的碎屑，然后再用木锤或垫上木块后，用铁锤将膨胀螺栓敲进洞内，应保证套管与建筑物表面平齐，螺栓端都外露，敲击时不得损伤螺栓的丝扣。埋好螺栓后，可用螺母配上相应的垫圈将支架或吊架直接固定在金属膨胀螺栓上。

线槽安装应平整，无扭曲变形，内壁无毛刺，各种附件齐全。线槽的接口应平整，接缝处应紧密平直。槽盖装上后应平整，无翘角，出线口的位置准确。在吊顶内敷设时，如果吊顶无法上人时应留有检修孔。不允许将穿过墙壁的线槽与墙上的孔洞一起抹死。线槽的所有非导电部分的铁件均应相互连接和跨接，使之成为一连续导体，并做好整体接地。当线槽的底板对地距离低于2.4m时，线槽本身和线槽盖板均必须加装保护地线。2.4m以上的线槽盖板可不加保护地线。线槽经过建筑物的变形缝（伸缩缝、沉降缝）时，线槽本身应断开，槽内用内连接板搭接，不需固定。保护地线和槽内导线均应留有补偿余量。敷设在竖井、吊顶、通道、夹层及设备层等处的线槽应符合《建筑设计防火规范》GB 50016—2014（2018年版）的有关要求。

线槽敷设直线段连接应采用连接板，用垫圈、弹簧垫圈、螺母紧固，接茬处应缝隙严密平齐。线槽进行交叉、转弯、丁字连接时，应采用单通、二通、三通、四通或平面二通、平面三通等进行变通连接，导线接头处应设置接线盒或将导线接头放在电气器具内。线槽与盒、箱、柜等接茬时，进线和出线口等处应采用抱脚连接，并用螺栓紧固，末端应加装封堵。建筑物的表面如有坡度时，线槽应随其变化坡度。待线槽全部敷设完毕后，应在配线之前进行调整检查。确认合格后，再进行槽内配线。万能型吊具一般应用在钢结构中，如工字钢、角钢、轻钢龙骨等结构，可预先将吊具、卡具、吊杆、吊装器组装成一整体，在标出的固定点位置处进行吊装，逐件地将吊装卡具压接在钢结构上，将顶丝拧牢。

线槽直线段组装时，应先做干线，再做分支线，将吊装器与线槽用蝶形夹卡固定在一起，按此方法，将线槽逐段组装成形。线槽与线槽可采用内连接头或外连接头，配上平垫和弹簧垫用螺母紧固。线槽交叉、丁字、十字应采用二通、三通、四通进行连接，导线接头处应设置接线盒时放置在电气器具内，线槽内绝对不允许有导线接头。转弯部位应采用立上弯头和立下弯头，安装角度要适宜。出线口处应利用出线口盒进行连接，末端部位要装上封堵，在盒、箱、柜进出线处应采用抱脚连接。保护地线应根据设计图要求敷设在线槽内一侧，接地处螺丝直径不应小于6mm，并且需要加平垫和弹簧垫圈，用螺母压接牢固。

金属线槽的宽度在100mm以内（含100mm），两段线槽用连接板连接处（即连接板做地线时），每端螺钉固定点不少于4个，宽度在200mm以上（含200mm）两端线槽用连接板连接的保护地线每端螺钉固定点不少于6个。线槽应紧贴建筑物表面，固定牢靠，横平竖直，布置合理，盖板无翘角，接口严密整齐，拐角、转角、丁字连接、转弯连接正确严实，线槽内外无污染。线路穿过梁、墙、楼板等处时，线槽不应被抹死在建筑物上，跨越建筑物变形缝处的线槽底板应断开，导线和保护地线均应留有补偿余量，线槽与电气器具连接严密，导线无外露现象。

线槽水平或垂直敷设直线部分的平直程度和垂直度允许偏差不应超过5mm。检验方法有吊线、拉线、尺量检查。安装金属线槽及槽内配线时，应注意保持墙面的清洁。接、焊、包完成后，接线盒盖，线槽盖板应齐全平实，不得遗漏，导线不允许裸露在线槽之外，并防止损坏和污染线槽。配线完成后，不得再进行喷浆和刷油。以防止导线和电气器具受到污染。使用高凳时，注意不要碰坏建筑物的墙面及门窗等。支架与吊架固定不牢，主要原因是金属膨胀螺栓的螺母未拧紧，或者是焊接部位开焊，应及时将螺栓上的螺母拧紧，将开焊处重新焊牢。金属膨胀螺栓固定不牢，或吃墙过深或出墙过多，钻孔偏差过大造成松动，应及时修复。支架式吊架的焊接处要求做防腐处理，应及时补刷遗漏处的防锈漆。保护地线的线径和压接螺钉的直径，应全部按规范要求执行。

线槽穿过建筑物的变形缝时应断开底板，并在变形缝的两端加以固定，保护地线和导线留有补偿余量。线槽接茬处不平齐，线槽盖板有残缺，线槽与管连接处护口破损遗漏，暗敷线槽未做检修人孔时，应调整，加以完善。导线连接时，线芯受损，缠绕圈数和倍数不符合规定要求，刷锡不饱满，绝缘层包扎不严密，应按照导线连接的要求重新进行导线连接。线槽内的导线放置杂乱无章时，应将导线理顺平直，并绑扎成束。竖井内配线未做防坠落措施时，应按要求予以补做。不同电压等级的线路，敷设于同一线槽内时，应分开。切割钢结构或轻钢龙骨时，应及时采取补救措施，进行补焊加固。

2.2.4 问题思考

1. 填空题

（1）金属线槽一般适用于正常环境的_____场所_____敷设。金属线槽一般由_____mm的钢板压制而成。

（2）金属线槽吊点及支持点的距离，一般在直线段固定间距不应大于_____m，在线槽的首端、终端、分支、转角、接头及进出接线盒处应不大于_____m。

（3）金属线槽在墙上安装时，可采用_____配_____的安装方式，在墙上水平架空安装也可使用_____支撑。

（4）金属线槽沿墙垂直敷设时，可采用_____或_____固定金属线槽，长度应根据金属线槽的宽度和根数确定。

2．判断题

（1）地面内暗装金属线槽由厚度9mm的钢板制成，可直接敷设在混凝土地面和现浇混凝土楼板垫层内。

（2）地面暗装金属线槽的制造长度一般为3m，每0.6m设一出线口，当需要线槽与线槽相互连接时，应采用线槽连接头进行连接。

（3）金属线槽及其附件应采用经过镀锌处理的定型产品，其型号、规格应符合设计要求。

3．单选题

（1）支架固定点间距为____m，底部支架距楼（地）面的距离不应小于____m。

A．1、1.5   B．1.5、2   C．1.5、0.3   D．2、1.5

（2）当暗装在现浇混凝土楼板内，楼板厚度不应小于____mm；当敷设在楼板垫层内时，垫层的厚度不应小于____mm。

A．200、70   B．240、80   C．300、100   D．70、240

4．问答题

（1）金属材料做梯架、托盘和槽盒安装的电工工件时，哪些材料应经过镀锌处理？

（2）金属线槽穿越建筑物变形缝的工艺流程有哪些？

（3）为配合土建结构的施工，预埋铁、锚固圆钢预留的尺寸和安装工艺有哪些？

2.2.5 知识拓展

2.2-4 桥架安装	2.2-5 桥架穿线	2.2-6 线槽种类	2.2-7 线槽规格

任务 2.3
导管、槽盒与钢索敷线

2.3.1 教学目标与思路

【教学目标】

知识目标	能力目标	素养目标	思政要素
1．掌握线管配线的工艺和方法； 2．钢索配线的施工。	1．能进行管内、槽盒内穿线施工； 2．能够完成钢索配线的施工。	1．具有良好倾听的能力，能有效地获得各种资讯； 2．能正确表达自己思想，学会理解和分析问题。	树立以人为本，预防为主，安全第一的思想。

【学习任务】学会线管、槽盒以及钢索上如何配线，为后续工序的学习打下基础。

【建议学时】2～4学时

【思维导图】

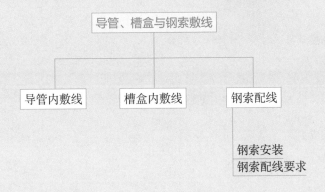

2.3.2 学生任务单

任务名称	导管、槽盒与钢索敷线	
学生姓名	班级学号	
同组成员		
负责任务		
完成日期	完成效果	
	教师评价	

学习任务	1. 能进行管内、槽盒内穿线施工; 2. 熟悉室内配线的有关规定及要求。			
自学简述	课前预习	学习内容、浏览资源、查阅资料		
	拓展学习	任务以外的学习内容		
任务研究	完成步骤	用流程图表达		
	任务分工	任务分工	完成人	完成时间

	本人任务	
	角色扮演	
	岗位职责	
	提交成果	

任务实施	完成步骤	第1步		
		第2步		
		第3步		
		第4步		
		第5步		
	问题求助			
	难点解决			
	重点记录	完成任务过程中，用到的基本知识、公式、规范、方法和工具等		成果提交
学习反思	不足之处			
	待解问题			
	课后学习			

过程评价	自我评价（5分）	课前学习	时间观念	实施方法	知识技能	成果质量	分值
	小组评价（5分）	任务承担	时间观念	团队合作	知识技能	成果质量	分值

2.3.3 知识与技能

1．知识点——线管内敷线

管内穿线工作一般应在管子全部敷设完毕及土建
地坪和粉刷工程结束后进行。在穿线前应将管中的积
水及杂物清除干净。

2.3-1
线管内敷线

导线穿管时，应先穿一根钢线作引线。当管路较长或弯曲较多时，应在配管时就将引线穿好。一般在现场施工中对于管路较长，弯曲较多，从一端穿入钢引线有困难时，多采用从两端同时穿钢引线，且将引线头弯成小钩，当估计一根引线端头超过另一根引线端头时，用手旋转较短的一根，使两根引线绞在一起，然后把一根引线拉出，此时就可以将引线的一头与需穿的导线结扎在一起。在所穿电线根数较多时，可以将电线分段结扎。

拉线时，应由两人操作，较熟练的一人送线，另一人拉线，两人送拉动作要配合协调，不可硬送硬拉。当导线拉不动时，两人应反复来回拉1～2次再向前拉，不可过分勉强而将引线或导线拉断。

在较长的垂直管路中，为防止由于导线的本身自重拉断导线或拉松接线盒中的接头，导线每超过下列长度，应在管口处或接线盒中加以固定：如果是$50mm^2$以下的导线，导线长度每30m固定一次，如果是$70～95mm^2$导线，长度每20m固定一次，如果是$120～240mm^2$导线，导线长度每18m固定一次。

穿线时应严格按照规范要求进行，不同回路、不同电压和交流与直流的导线，不得穿入同一根管子内，但下列回路可以除外：

（1）电压为50V以下的回路；

（2）同一台设备的电机回路的和无抗干扰要求的控制回路；

（3）照明花灯的所有回路；

（4）同类照明的几个回路，但管内导线总数不应多于8根。对于同一交流回路的导线必须穿于同一根钢管内。不论何种情况，导线的管内都不得有接头和扭结，接头应放在接线盒内。

钢管与设备连接时，应将钢管敷设到设备内，如不能直接进入时，可在钢管出口处加金属软管或塑料软管引入设备。金属软管和接线盒等连接要用软管接头。

穿线完毕，即可进行电器安装和导线连接。

2．知识点——槽盒内敷线

线槽内配线前应消除线槽内的积水和污物，在同一线槽内（包括绝缘在内）的导线截面积总和应该不超过内部截面积的40%，线槽底向下配线时，应将分支导线分别用尼龙绑扎带绑扎成束，并固定在线槽底板下，以防导线下坠。不同电压、不同回路、不同频率的导线应加隔板放在同一线槽内。

导线较多时，除采用导线外皮颜色区分相序外，也可利用在导线端头和转弯处做标记的方法来区分。在穿越建筑物的变形缝时，导线应留有补偿余量。接线盒内的导线预留长度不应超过15cm，盘、箱内的导线预留长度应为其周长的1/2。从室外引入室内的导线，穿过墙外的一段应采用橡胶绝缘导线，不允许采用塑料绝缘导线。穿墙保护管的外侧应有防水措施。

清扫明敷线槽时，可用抹布擦净线槽内残存的杂物和积水，使线槽内外保持清洁，清扫暗敷于地面内的线槽时，可先将带线穿通至出线口，然后将布条绑在带线一端，从另一端将布条拉出，反复多次就可将线槽内的杂物和积水清理干净。也可用空气压缩机将线槽内的杂物和积水吹出。放线前应先检查管与线槽连接处的护口是否齐全，导线和保护地线的选择是否符合设计图的要求。管进入盒时内外根母是否锁紧，确认无误后再放线。先将导线抻直、捋顺，盘成大圈或放在放线架（车）上，从始端到终端（先干线，后支线）边放边整理，不应出现挤压背扣、扭结、损伤导线等现象。每个分支应绑扎成束，绑扎时应采用尼龙绑扎带，不允许使用金属导线进行绑扎。地面线槽放线可以利用带线从出线一端至另一端，将导线放开、抻直、捋顺，削去端部绝缘层，并做好标记，再把芯线绑扎在带线上，然后从另一端抽出即可。放线时应逐段进行。

3．知识点——钢索配线

钢索配线一般适用于屋架较高，跨距较大，灯具安装高度要求较低的工业厂房内。特别是纺织工业用得较多，因为厂房内没有起重设备，生产所要求的亮度大，标高又限制在一定的高度。

钢索配线就是在钢索上吊瓷瓶配线、吊钢管（或塑料）配线或吊塑料护套线配线，同时灯具也吊装在钢索上，配线方法除安装钢索外，其余与前面讲的基本相同。钢索两端用穿墙螺栓固定，并用双螺母紧固，钢索用花篮螺栓拉紧。

（1）钢索安装

钢索终端拉环应固定牢固，并能承受钢索在全部负载下的拉力。当钢索长度在50m及以下时，可在一端装花篮螺栓，超过50m时，两端均应装花篮螺栓，

2.3-2
钢索安装

每超过50m应加装一个中间花篮螺栓。钢索在终端固定处，钢索卡不应少于两个。钢索的终端头应用金属线扎紧。

钢索长度超过12m，中间可加吊钩做辅助固定。一般中间吊钩间距不应大于12m，中间吊钩宜使用直径不小于8mm的圆钢。

钢索配线所使用的钢索一般应符合下列要求：

1）宜使用镀锌钢索，不得使用含油芯的钢索；

2）敷设在潮湿或有腐蚀性的场所应使用塑料护套钢索；

3）钢索的单根钢丝直径应小于0.5mm；并不应有扭曲和断股现象；

4）选用圆钢做钢索时，在安装前就调直预伸和刷防腐漆。

钢索安装前，可先将钢索两端固定点和钢索中间的吊钩装好，然后将钢索的一端穿入鸡心环的三角圈内，并用两只钢索卡一反一正夹牢。钢索一端装好后，再装另一端，先用紧线钳把钢索收紧，端部穿过花篮螺栓处的鸡心环。用上述同样的方法把钢索折回固定。花篮螺栓的两端螺杆均应旋进螺母，并使其保持最大距离，以备做钢索弧度调整。将中间钢索固定在吊钩上后，即可进行配线等工作。

（2）钢索配线要求

钢索配线敷设的弧度不应大于100mm，当用花篮螺栓调节后，弧度仍不能达到时，应增设中间吊钩。这样既可保证对弧度的要求，又可减小钢索的拉力。

钢索上各种配线支持件之间，支持件与灯头盒间，以及瓷瓶配线的线间距离应符合规定。

这种配线就是在钢索上进行管配线。在钢索上每隔1.5m设一个扁钢吊卡，再用管卡将管子固定在吊卡上。在灯位处的钢索上，安装吊盒钢板，用来安装灯头盒。

灯头盒两端的钢管，应焊接跨接地线，以保证管路连成一体，接地可靠，钢索亦应可靠接地。当钢索上吊硬塑料管配线时，灯头盒可改为塑料盒，管卡也可改为塑料管卡。吊卡也可用硬塑料板弯制。

2.3.4 问题思考

1．填空题

（1）为保证安全运行，施工时选用的电气设备和材料应符合＿＿＿＿＿＿＿，必须是＿＿＿＿＿。

（2）钢索在终端固定处，钢索卡不应少于＿＿个。钢索的终端头应用＿＿＿＿扎紧。

2．判断题

（1）线管内敷线时，可由一人独立完成操作。

（2）钢索配线敷设的弧度不应大于100mm，当用花篮螺栓调节后，弧度仍不能达到时，应增设中间吊钩。

3．单选题

（1）在较长的垂直管路中，为防止由于导线的本身自重拉断导线或拉松接线盒中的接头，导线每超过＿＿＿，应在管口处或接线盒中加以固定。

A．50mm² 以下的导线，长度为20m时

B．70～95mm² 导线，长度为18m时

C．120～240mm² 导线，长度为18m时

（2）钢索长度超过＿＿＿m，中间可加吊钩做辅助固定。一般中间吊钩间距不应大于＿＿＿m，中间吊钩宜使用直径不小于＿＿＿mm的圆钢。

A．12、8、12   B．11、9、11   C．12、12、8   D．10、12、9

4．问答题

（1）线管内敷线的要求有哪些？

（2）钢索配线所使用的钢索一般应符合哪些要求？

2.3.5 知识拓展

2.3-3 导线截面积估算	2.3-4 弹线定位	2.3-5 吊顶线槽	2.3-6 导线施工

任务 2.4
电缆、光缆敷设

2.4.1 教学目标与思路

【教学目标】

知识目标	能力目标	素养目标	思政要素
1. 熟悉线缆的基本概念和主要功能； 2. 掌握线缆的连接及敷设工艺。	1. 能掌握线缆敷设的一般要求和方法； 2. 能掌握电缆头、光缆接续的制作方法； 3. 能识读工程施工图。	1. 具有良好倾听的能力，能有效地获得各种资讯； 2. 能正确表达自己思想，学会理解和分析问题。	树立以人为本，预防为主，安全第一的思想。

【学习任务】电缆、光缆是保证传输的重要线路，施工质量是关键。电缆敷设有多种形式，电缆头制作也有多种方式，学会按设计图的要求敷设电缆、连接光缆，保证质量，才能达到验收标准。

【建议学时】4～6学时

【思维导图】

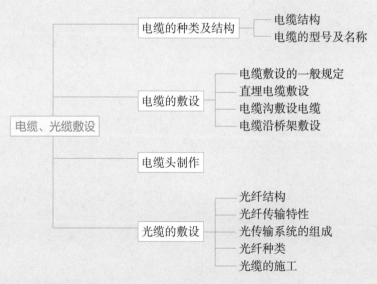

2.4.2 学生任务单

任务名称		电缆、光缆敷设	
学生姓名		班级学号	
同组成员			
负责任务			
完成日期		完成效果	
		教师评价	

学习任务	1. 能掌握线缆敷设的一般要求和方法； 2. 能掌握电缆头、光缆接续的制作方法； 3. 能识读工程施工图。		
自学简述	课前预习	学习内容、浏览资源、查阅资料	
	拓展学习	任务以外的学习内容	
任务研究	完成步骤	用流程图表达	
	任务分工	任务分工	完成人	完成时间

本人任务	
角色扮演	
岗位职责	
提交成果	

任务实施	完成步骤	第1步	
		第2步	
		第3步	
		第4步	
		第5步	
	问题求助		
	难点解决		
	重点记录	完成任务过程中，用到的基本知识、公式、规范、方法和工具等	成果提交
学习反思	不足之处		
	待解问题		
	课后学习		

过程评价	自我评价（5分）	课前学习	时间观念	实施方法	知识技能	成果质量	分值
	小组评价（5分）	任务承担	时间观念	团队合作	知识技能	成果质量	分值

2.4.3 知识与技能

1．知识点——电缆的种类及结构

电缆种类很多，在输配电系统中，最常用的电缆
是电力电缆和控制电缆。

电力电缆是用来输送和分配大功率电能的。控制电缆是在变电所二次回路中使用
的低压电缆。运行电压一般在交流500V或直流1000V以下，芯数从4芯到48芯。控制电
缆的绝缘层材料及规格型号的表示与电力电缆相同。

（1）电缆结构

电缆的基本结构都是由导电线芯、绝缘层及保护层3个主要部分组成。

1）导电线芯

电缆按线芯可分为单芯、双芯、三芯、四芯和五芯。电缆按线芯的形状可分为圆
形、半圆形、椭圆形和扇形等。电缆按线芯的材质可分为铜和铝两种。

2）绝缘层

电缆按绝缘层的材料可分为纸绝缘、橡皮绝缘、聚氯乙烯绝缘、聚乙烯绝缘、交
联聚乙烯绝缘。

纸绝缘电力电缆有油浸纸绝缘和不滴流浸渍两种，油浸纸绝缘电缆具有耐压强
度高、耐热性能好、使用寿命长等优点，是传统的主要产品，目前工程上仍然使用得
较多。但它对工艺要求比较复杂，敷设时弯曲半径不能太小，尤其低温时敷设，电缆
要经过预先加热，施工较困难，电缆连接及电缆头制作技术要求也很高。不滴流浸渍
纸绝缘电力电缆解决了油的流淌问题，加上允许工作温度的提高，特别适用于垂直
敷设。

聚氯乙烯绝缘电力电缆没有敷设高低差限制，制造工艺简单，敷设、连接及维护
都比较方便，抗腐蚀性能也比较好。因此，在工程上得到了广泛的应用，特别是在1kV
以下电力系统中已基本取代了纸绝缘电力电缆。

橡皮绝缘电力电缆一般在交流500V以下直流1000V以下电力线路中使用。

3）保护层

电力电缆保护层分内护层和外护层两部分。内护层所用材料有铝套、铅套、橡
套、聚氯乙烯护套和聚乙烯护套等。外护套是用来保护内护套的，包括铠装层和外
被层。

（2）电缆的型号及名称

我国电缆产品的型号系采用汉语拼音字母组成，有外护层时在字母后加上2个阿
拉伯数字。常用电缆型号字母含义及排列次序见表2.4-1。电缆外护层的两个数字，前
一个数字表示铠装结构，后一个数字表示外护层结构。数字代号及外护层所用材料见
表2.4-2。

常用电缆型号字母含义及排列次序　　　　　表2.4-1

类　别	绝缘种类	线芯材料	内护层	其他特征	外护层
电力电缆不表示； K——控制电缆； Y——移动式软电缆； P——信号电缆； H——市内电话电缆	Z——纸绝缘； X——橡皮； V——聚氯乙烯； YJ——交联聚乙烯	T——铜（省略）； L——铝	Q——铅护套； L——铝护套； H——橡套； （H）F——非燃性橡套； V——聚氯乙烯护套； Y——聚乙烯护套	D——不滴流； F——分相铅包； P——屏蔽； C——重型	2个数字（含义见表2.4-2）

电缆外护层代号的含义　　　　　表2.4-2

第一个数字		第二个数字	
代号	铠装层类型	代号	外被层类型
0	无	0	无
1	—	1	纤维绕包
2	双钢带	2	聚氯乙烯护套
3	细圆钢丝	3	聚乙烯护套
4	粗圆钢丝	4	—

　　根据电缆的型号，就可以读出该种电缆的名称。如ZLQD$_{20}$为铝芯不滴流纸绝缘铅包双钢带铠装电力电缆，VV$_{23}$为铜芯聚氯乙烯绝缘及护套双钢带铠装聚乙烯护套电力电缆。电缆型号实际上是电缆名称的代号，反映不出电缆的具体规格、尺寸。完整的电缆表示方法是型号、芯数×截面积、工作电压、长度。如VV$_{23}$—3×50—10—500，即表示VV$_{23}$型，3芯50mm^{2}电力电缆，其工作电压10kV，电缆长度为500m。

　　2．知识点——电缆的敷设

　　（1）电缆敷设的一般规定

　　1）电力电缆型号、规格应符合施工图纸要求。

　　2）并联运行的电力电缆其长度、型号、规格应相同。

　　3）电缆敷设时，在电缆终端头与电缆接头附近需留出备用长度。

　　4）电缆敷设时，弯曲半径不应小于表2.4-3的规定。

电缆最小允许弯曲半径与电缆外径的比值　　　　　表2.4-3

电缆形式		多芯	单芯
控制电缆		10	
橡皮绝缘电力电缆	无铅包、钢铠护套	10	
	裸铅包护套	15	
	钢铠护套	20	

续表

电缆形式			多芯	单芯
聚氯乙烯绝缘电力电缆			10	
交联聚乙烯绝缘电力电缆			15	20
油浸纸绝缘电力电缆	铅包		30	
	铅包	有铠装	15	20
		无铠装	20	
自容式充油（铅包）电缆				20

5）电缆各支持点间的距离不应超过表2.4-4中规定的数值。

电缆各支持点间的距离（mm）　　　　　表2.4-4

电缆种类		敷设方式	
		水平	垂直
电力电缆	全塑型	400	1000
	除全塑型外的中低压电缆	800	1500
	控制电缆	800	1000

电缆应在下列地点用夹具固定。

①垂直敷设时在每一个支架上；

②水平敷设时在电缆首尾两端，转弯及接头处。

当控制电缆与电力电缆在同一支架上敷设时，支持点间的距离应按控制电缆要求的数值处理。

6）电缆敷设时，电缆应从电缆盘的上端引出，避免电缆在支架上及地面上摩擦拖拉。用机械敷设时的最大牵引强度宜符合表2.4-5的要求，其敷设速度不宜超过15m/min。

电缆最大允许牵引强度（N/mm²）　　　　　表2.4-5

牵引方式	牵引头		钢丝网套		
受力部位	铜芯	铝芯	铅套	铝套	塑料护套
允许牵引强度	70	40	10	40	7

7）敷设电缆时，敷设现场的温度不应低于表2.4-6的数值，否则应对电缆进行加热处理。

电缆最低允许敷设温度   表2.4-6

电缆类型	电缆结构	最低允许敷设温度（℃）
橡皮绝缘电力电缆	橡皮或聚氯乙烯护套	−15
	裸铅套	−20
	铅护套钢带铠装	−7
塑料绝缘电力电缆		0
控制电缆	耐寒护套	−20
	橡皮绝缘聚氯乙烯护套	−15
	聚氯乙烯绝缘聚氯乙烯护套	−10

8）敷设电缆时不宜交叉，应排列整齐，加以固定，并及时装设标志牌。装设标志牌应符合下列要求：在电缆终端头、电缆接头、拐弯处、夹层内及竖井的两端等地方应装设标志牌，标志牌上应注明线路编号（当设计无编号时，则应写明规格、型号及起始点），标志牌的规格宜统一，悬挂应牢固。

9）电力电缆接头盒位置应符合要求。地下并列敷设的电缆，接头盒的位置宜相互错开，接头盒外面应有防止机械损伤的保护盒（环氧树脂接头盒除外）。位于冻土层的保护盒，盒内应注满沥青，以防水分进入盒内因冻胀而损坏电缆接头。

10）当设计无要求时，电缆支架层间最小距离不应小于规定，层间净距不应小于2倍电缆外径加10mm，35kV电缆不应小于2倍电缆外径加50mm。

最上层电缆支架距构筑物顶板或梁底的最小净距应满足电缆引接至上方配电柜、台、箱、盘时电缆弯曲半径的要求，且不宜小于规定数再加80～150mm，距其他设备的最小净距不应小于300mm，当无法满足要求时应设置防护板。

当设计无要求时，最下层电缆支架距沟底、地面的最小距离不应小于规定。

11）当支架与预埋件焊接固定时，焊缝应饱满，当采用膨胀螺栓固定时，膨胀螺栓应适配、连接紧固、防松零件齐全，支架安装应牢固、无明显扭曲。

12）金属支架应进行防腐，位于室外及潮湿场所的应按设计要求做处理。

13）电缆进入电缆沟、竖井、建筑物以及穿入管子时，出入口应封闭，管口应密封。

（2）直埋电缆敷设

2.4-2
直埋电缆敷设

电缆直埋敷设是沿已选定的线路挖掘地沟，然后把电缆埋在沟内。一般在电缆根数较少，且敷设距离较长时多采用此法。

将电缆直埋在地下，因不需其他结构设施，故施工简便，造价低廉，节省材料。同时，由于埋在地下，电缆散热好，对提高电缆的载流量有一定的好处。但存在挖掘土方量大和电缆可能受土中酸碱物质的腐蚀等缺点。电缆直埋的施工方法如下。

1）开挖电缆沟

按图纸用白灰在地面上画出电缆行径的线路和沟的宽度。电缆沟的宽度决定于电缆的数量，如数条电力电缆或与控制电缆在同一沟中，则应考虑散热等，其宽度见表2.4-7。

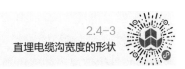

2.4-3
直埋电缆沟宽度的形状

电缆沟宽度表　　　　　　　　　　表2.4-7

电缆沟宽度B（mm） 10kV及以下 电力电缆根数　＼　控制电缆根数	0	1	2	3	4	5	6
0		350	380	510	640	770	900
1	350	450	580	710	840	970	1100
2	500	600	730	860	990	1120	1250
3	650	750	880	1010	1140	1270	1400
4	800	900	1030	1160	1290	1420	1550
5	950	1050	1180	1310	1440	1570	1800
6	1100	1200	1330	1460	1590	1720	1850

电缆沟的深度一般要求不小于800mm，以保证电缆表面距地面的距离不小于700mm。当遇障碍物或在冻土层以下时，电缆沟的转角处，要挖成圆弧形，以保证电缆的弯曲半径。电缆接头的两端以及引入建筑和引上电杆处需挖出备用电缆的预留坑。

2）预埋电缆保护管

当电缆与铁路、公路交叉，电缆进建筑物隧道，穿过楼板及墙壁，以及其他可能受到机械损伤的地方时，应事先埋设电缆保护管，然后将电缆穿在管内。这样能防止电缆受机械损伤，而且也便于检修时电缆的拆换。电缆与铁路、公路交叉时，其保护管顶面距轨道底或公路面的深度不小于1m，保护管的长度除满足路面宽度外，还应两边各伸出1m。保护管可采用钢管或水泥管等。保护管的内径应不小于电缆的直径的1.5倍。管道内部应无积水且无杂物堵塞。如果采用钢管，应在埋设前将管口加工成喇叭形，在电缆穿管时，可以防止管口割伤电缆。

电缆穿管时，应符合下列规定：

每根电力电缆应单独穿入一根管内，但交流单芯电力电缆不得单独穿入钢管内；

裸铠装控制电缆不得与其他外护电缆穿入同一根管内；

敷设在混凝土管、陶土管、石棉水泥管的电缆，可使用塑料护套电缆。

3）埋设隔热层

当电缆与热力管交叉或接近时，其最小允许距离为平行敷设2m，交叉敷设0.5m。如果不能满足这个数值要求时，应在接近段或交叉前后1m范围内做隔热处理。在任何情况下，不能将电缆平行敷设在热力管道的上面或下面。

4）敷设电缆

首先把运到现场的电缆进行核算，弄清每盘电缆的长度。确定中间接头的地方。按线路的具体情况，配置电缆长度，避免造成浪费。在核算时应注意不要把电缆接头放在道路交叉处、建筑物的大门口以及与其他管道交叉的地方，如同一条电缆沟内有数条电缆并列敷设时，电缆接头的位置应互相错开，使电缆接头保持2m以上的距离，以便日后检修。

电缆敷设常用的方法有两种，即人工敷设和机械牵引敷设。无论采用哪种方法，都要先将电缆盘稳固地架设在放线架上，使它能自由地活动，然后从盘的上端引出电缆，逐渐松开放在滚轮上，用人工或机械向前牵引，在施放过程中，电缆盘的两侧应有专人协助转动，并备有适当的工具，以便随时刹住电缆盘。

电缆放在沟底，不要拉得很直，使电缆长度比沟长0.5%~1%，这样可以防止电缆在冬季停止使用时，不致因冷缩长度变短而受过大的拉力。

电缆的上、下须铺以不小于100mm厚的细沙，再在上面铺盖一层砖或水泥预制盖板，其覆盖宽度应超过电缆两侧各50mm。以便将来挖土时，可表明土内埋有电缆，使电缆不受机械损伤。电缆沟回填土应充分填实，覆土要高于地面150~200mm，以备松土沉陷。完工后，沿电缆线路的两端和转弯处均应竖立一根露在地面上的混凝土标桩，在标桩上注明电缆的型号、规格、敷设日期和线路走向等，以便日后检修。

（3）电缆沟敷设电缆

电缆在电缆沟内敷设是室内外常见的电缆敷设方法。电缆沟一般设在地面下，由混凝土浇筑或用砖砌而成。沟顶用盖板盖住。

2.4-4
电缆沟敷设电缆

2.4-5
电缆沟外形

电缆沟内电缆敷设要求如下：

1）电缆沟底应平整，室外的电缆沟应有1‰的坡度。沟内要保持干燥，沟壁沟底应采用防水砂浆抹面。室外电缆沟每隔50m左右应设置1个积水坑并有排水设施，以便及时将沟内积水排出。

2）支架上的电缆排列应按设计要求，当设计无规定时，应符合以下要求：电力电缆和控制电缆应分开排列，当电力电缆与控制电缆敷设在同一侧支架上时，应将控制电缆放在电力电缆下面，1kV以下电缆应放在10kV以下电力电缆的下面（充油电缆除外）。

3）电缆支架或支持点的间距要符合规范。

4）支架必须可靠接地并做防腐处理。

5）当电缆需在沟内穿越墙壁或楼板时，应穿钢管保护。

6）电缆敷设完后，将电缆沟用盖板盖好。

（4）电缆沿桥架敷设

电缆桥架由托盘、梯架的直线段、弯通、附件以及支、吊架等组成。它的优点是制作工厂化、系列化、安装方便，安装后整齐美观。

1）支、吊架安装

电缆桥架水平敷设时，支撑跨距一般为1.5～3m，垂直敷设时，固定点间距不宜大于2m。当桥架弯曲半径在300mm以内时，应在距弯曲段与直线段接合处300～600mm的直线段侧设置一个支吊架。当弯曲半径大于300mm时，还应在弯通中部增设一个支吊架。

电缆桥架沿墙垂直安装时，常用U形角钢支架固定托盘、梯架。其安装方法有两种，即直接埋设法和预埋螺栓固定法。单层桥架埋深及预埋螺栓长度均为150mm。

电缆桥架在工业厂房内沿墙、沿柱安装时，当柱表面与墙表面不在同一平面时，在柱上可以直接固定安装托臂，托臂用膨胀螺栓固定在柱子上，两柱中间的托臂固定在角钢支架上，角钢支架用膨胀螺栓固定在墙上，两柱中间的托臂也可以安装在异形钢或工字钢立柱上，异形钢立柱可用预埋螺栓或膨胀螺栓固定在墙上，工字钢立柱可采用固定板与墙内预埋螺栓固定。桥架沿墙、柱水平安装固定。立柱安装方式有直立式安装、侧壁式安装和悬吊式安装等。

2）桥架的安装

支、吊架安装好以后，即可安装托盘和梯架。安装托盘或梯架时，应先从始端开始，把始端托盘或梯架的位置确定好，用夹板或压板固定牢固，再沿桥架的全长逐段地对托盘或梯架进行安装。

桥架的组装使用专用附件进行。应注意连接点不应放在支撑点上，最好放在支撑跨距1/4处。

钢制电缆桥架的托盘或梯架的直线段长度超过30m，铝合金或玻璃钢电缆桥架超过15m时，应有伸缩缝，其连接处宜采用伸缩连接板。

3）电缆敷设

电缆沿桥架敷设前，应将电缆敷设位置排列好，避免出现交叉现象。

拖放电缆时，对于在双吊杆固定的托盘或梯架内敷设电缆，应将电缆放在托盘或梯架内的滑轮上进行施放，不得在托盘或梯架内拖拉。

电缆沿桥架敷设时，应单层敷设，并应排列整齐。

垂直敷设的电缆应每隔1.5～2m进行固定。水平敷设的电缆，应在电缆的首尾端、转弯处固定，对不同标高的电缆端部也应进行固定。

电缆桥架内敷设的电缆，应在电缆的首端、尾端、转弯及每隔50m处，安装电缆标志牌。

电缆敷设完毕后，及时清理桥架内杂物，有盖的盖好盖板。

3. 知识点——电缆头制作

本书主要讲解10kV交联聚乙烯电缆热缩型中间接头的制作。

2.4-6
电缆头制作

热缩型中间接头所用主要附件和材料有：相热缩管、外热缩管、内热缩管、未硫化乙丙橡胶带、热熔胶带、半导体带、聚乙烯带、接地线（25mm²软铜线）、铜屏蔽网等。

制作工艺如下：

（1）准备工作

把所需材料和工具准备齐全，核对电缆规格型号，测量绝缘电阻，确定剥切尺寸，锯割电缆铠装，清擦电缆铅（铝）包。

（2）剖切电缆外护套

先将内、外热缩管套入一侧电缆上，将需连接的两电缆端头500mm一段外护套剖切剥除。

（3）剥除钢带

自外护套切口向电缆端部量50mm，装上钢带卡子，然后在卡子外边缘沿电缆周长在钢带上锯一环形深痕，将钢带剥除。

（4）剖切内护套

在距钢带切口50mm处剖切内护套。

（5）剥除铜屏蔽带

自内护套切口向电缆端头量取100～150mm，将该段铜屏蔽带用细铜线绑扎，其余部分剥除。屏蔽带外侧20mm一段半导体布带应保留，其余部分去除。

（6）清洗线芯绝缘、套相热缩管

为了除净半导电薄膜，用无水乙醇清洗三相线芯交联聚乙烯绝缘层表面，并分相套入铜屏蔽网及相热缩管。

（7）剥除绝缘、压接连接管

剥除线芯端头交联聚乙烯绝缘层，剥除长度为连接管长度的1/2加5mm，然后用无水乙醇清洁线芯表面，将清洁好的两端头分别从连接管两端插入连接管，用压接钳进行压接，每相接头不少于4个压点。

（8）包绕橡胶带

在压接管上及其两端裸线芯外包绕未硫化乙丙橡胶带，采用半叠包方式绕包2层，与绝缘接头处的绕包一定要严密。

（9）加热相热缩管

先在接头两边的交联聚乙烯绝缘层上适当缠绕热熔胶带，然后将事先套入的相热缩管移至接头中心位置，用喷灯沿轴向加热，使热缩管均匀收缩，裹紧接头。注意加热收缩时，不应产生皱褶和裂缝。

（10）焊接铜屏蔽带

先用半导体带将两侧半导体屏蔽布缠绕连接，再展开铜屏蔽网与两侧的铜屏蔽带焊接，每一端不少于3个焊点。

（11）加热内热缩管

先将三根线芯并拢，用聚氯乙烯带将线芯及填料绕包在一起，在电缆内护套处适当缠绕热熔胶带，然后将内热缩管移至中心位置，用喷灯加热使之均匀收缩。

（12）焊地线

在接头两侧电缆钢带卡子处焊接接地线。

（13）加热外热缩管

先在电缆外护套上适当缠绕热熔胶带，然后将外热缩管移至中心位置，用喷灯加热使之均匀收缩。

4．知识点——光缆的敷设

2.4-7
光缆的敷设

（1）光纤结构

光纤是一种能传导光波的介质，可以使用玻璃和塑料制造光纤，超高纯度石英玻璃纤维制作的光纤可以得到最低的传输损耗。光纤质地脆，易断裂，因此纤芯需要外加一层保护层。

（2）光纤传输特性

光导纤维通过内部的全反射来传输一束经过编码的光信号。由于光纤的折射系数高于外部包层的折射系数，因此可以使入射的光波在外部包层的界面上形成全反射现象。

（3）光传输系统的组成

光传输系统由光源、传输介质、光发送器、光接收器组成。光源有发光二极管LED、光电二极管（PIN）、半导体激光器等，传输介质为光纤介质，光发送器主要作用是将电信号转换为光信号，再将光信号导入光纤中，光接收器主要作用是从光纤上接收光信号，再将光信号转换为电信号。

（4）光纤种类

光纤主要分为两大类，即单模光纤和多模光纤。

1）单模光纤

单模光纤主要用于长距离通信，纤芯直径很小，其纤芯直径为8~10μm，而包层直径为125μm。由于单模光纤的纤芯直径接近一个光波的波长，因此，光波在光纤中进行传输时，不再进行反射，而是沿着一条直线传输。正由于这种特性使单模光纤具有传输损耗小、传输频带宽、传输容量大的特点。在没有进行信号增强的情况下，单模光纤的最大传输距离可达3000m，而不需要进行信号中继放大。

2）多模光纤

多模光纤的纤芯直径较大，不同入射角的光线在光纤介质内部以不同的反射角传播，这时每一束光线有一个不同的模式，具有这种特性的光纤称为多模光纤。多模光纤在光传输过程中比单模光纤损耗大，因此，传输距离没有单模光纤远，可用带宽也相对较小些。

目前单模光纤与多模光纤的价格差价不大，但单模光纤的连接器件比多模光纤的昂贵得多，因此，整个单模光纤的通信系统造价相比多模光纤的也要贵得多。

（5）光缆的施工

光缆由一捆光导纤维组成，外表覆盖一层较厚的防水、绝缘的表皮，从而增强光纤的防护能力，使光缆可以应用在各种复杂的综合布线环境。

光纤只能单向传输信号，因此要双向传输信号必须使用两根光纤，为了扩大传输容量，光缆一般含多根光纤且多为偶数，例如6芯、8芯、12芯、24芯、48芯光缆等，一根光缆甚至可容纳上千根光纤。

在综合布线系统中，一般采用纤芯为62.5μm/125μm规格的多模光缆，有时也用50μm/125μm和100μm/140μm的多模光缆。户外布线大于2km时可选用单模光缆。

光缆的分类有多种方法，通常的分类方法如下：按照应用场合分类：室内光缆、室外光缆、室内外通用光缆等。按照敷设方式分类：架空光缆、直埋光缆、管道光缆、水底光缆等。按照结构分类：紧套管光缆、松套管光缆、单一套管光缆等。按照光缆缆芯结构分类：层绞式、中心束管式、骨架式和带状式4种基本形式。按照光缆中光纤芯数分类：4芯、6芯、8芯、12芯、24芯、36芯、48芯、72芯、……、144芯等。

在综合布线系统中，主要按照光缆的使用环境和敷设方式进行分类。

1）了解外网敷设现场

包括确定整个项目中建筑大小、建筑地界、建筑物的数量等。

2）确定电缆系统的一般参数

包括确定起点位置、端接点位置、涉及的建筑物和每幢建筑物的层数、每个端接点所需的双绞线对数、有多少个端接点及每幢建筑物所需要的双绞线总对数等。

3）确定建筑物的电缆入口

建筑物入口管道的位置应便于连接公用设备。根据需要在墙上穿过一根或多根管道。

①对于现有建筑物：要确定各个入口管道的位置；每幢建筑物有多少入口管道可供使用；入口管道数目是否符合系统的需要等。

②如果入口管道不够用，则要确定在移走或重新布置某些电缆时是否能腾出某些入口管道，在实在不够用的情况下应另装足够的入口管道。

③如果建筑物尚未建成：则要根据选定的路由去完成电缆系统设计，并标出入口管道的位置，选定入口管道的规格、长度和材料。建筑物入口管道的位置应便于连接公用设备，根据需要在墙上穿过一根或多根管道。所有易燃处如聚丙烯管道、聚乙烯管道衬套等应端接在建筑物的外面。

4）确定明显障碍物的位置

包括确定土壤类型（砂质粉土、黏土、砾土等）、布线方法、地下公用设施的位置、查清在拟定路由中沿线的各个障碍位置（铺路区、桥梁、铁路、树林、池塘、河流、山丘、砾石土、截留井、人孔等）或地理条件、对管道的要求等。

5）确定主路由和备用路由

包括确定可能的光缆结构、所有建筑物是否共用一根等，查清在路由中哪些地方需要获准后才能通过、选定最佳路由方案等。

6）选择所需光缆类型

包括确定长度、画出最终的系统结构图、画出所选定路由位置和挖沟详图、确定入口管道的规格、选择每种设计方案所需的专用光缆、保证可进入口管道、选择管道（包括钢管）规格、长度、类型等。

7）确定每种选择方案所需的劳务费

包括确定布线时间、计算总时间、计算每种设计方案的成本、总时间乘以当地的工时费以确定成本。

8）确定每种选择方案所需的材料成本

包括确定光缆成本、所有支持结构的成本、所有支撑硬件的成本等。

9）选择最经济、最实用的设计方案

包括把每种选择方案的劳务费和材料成本加在一起，得到每种方案的总成本，比较各种方案的总成本，选择成本较低者，确定比较经济的方案是否有重大缺点，以致抵消了经济上的优点。如果发生这种情况，应取消此方案，考虑经济性较好的设计方案。

2.4.4　问题思考

1．填空题

（1）电力电缆是用来输送和分配大功率电能的，按其所采用的绝缘材料可分为＿＿＿＿、＿＿＿＿、＿＿＿＿和＿＿＿＿电力电缆。

（2）橡皮绝缘电力电缆一般在交流＿＿＿＿V以下直流＿＿＿＿V以下电力线路中使用。

（3）电缆的基本结构都是由＿＿＿＿、＿＿＿＿及＿＿＿＿3个主要部分组成。

（4）电缆按线芯可分为＿＿、＿＿、＿＿、＿＿和＿＿。电缆按线芯的形状可分为＿＿、＿＿、＿＿和＿＿等。

2．判断题

（1）电缆外护层的两个数字，前一个数字表示铠装结构，后一个数字表示外护层结构。

（2）并联运行的电力电缆其长度、型号、规格应相同，电缆敷设时，弯曲半径不应小于规定。

（3）电缆敷设时，电缆应从电缆盘的下端引出，避免电缆在支架上摩擦拖拉。

3. 单选题

（1）直埋电缆敷设与铁路、公路等交叉时应加保护管，使用钢管做保护管时其内径不应小于电缆外径的____。

A．1.5倍   B．2倍   C．2.5倍   D．3倍

（2）电缆沿桥架敷设时，应单层敷设，垂直敷设应每隔____进行固定。

A．1～2m   B．1.5～2m   C．2～3m   D．3～4m

4. 问答题

（1）电缆的基本结构主要由哪几部分组成，保护层由哪几部分组成？

（2）电缆敷设的一般规定有哪些？

（3）说明直埋电缆敷设的方法和要求。

（4）光缆的分类有多种方法，按照分类有哪些专用光缆？

2.4.5 知识拓展

2.4-8 光缆施工要求	2.4-9 架空敷设	2.4-10 架空施工标准	2.4-11 施工技术要点

CHAPTER 3

项目 3

变配电设备安装

任务 3.1 变压器安装

任务 3.2 绝缘子、母线穿墙绝缘装置及
硬母线的安装

任务 3.3 各种盘、柜、屏安装

✖ 任务 3.1
变压器安装

3.1.1 教学目标与思路

【教学目标】

知识目标	能力目标	素养目标	思政要素
1. 掌握变压器安装前的准备与检查的内容； 2. 熟悉装卸搬运与就位安装的注意事项； 3. 了解注油与密封试验的方法； 4. 了解投入运行前的检查方法。	1. 能安装变压器； 2. 能检查变压器。	1. 具有良好倾听的能力，能有效地获得各种资讯； 2. 能正确表达自己思想，学会理解和分析问题。	1. 培养按计划工作的工作态度； 2. 树立以人为本，预防为主，安全第一的思想。

【学习任务】学会变压器从前期准备检查到安装到试验检查的全过程。

【建议学时】2学时

【思维导图】

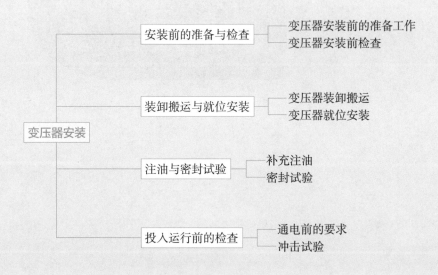

3.1.2 学生任务单

任务名称	变压器安装		
学生姓名	班级学号		
同组成员			
负责任务			
完成日期	完成效果		
	教师评价		

学习任务	1. 掌握变压器安装前的准备与检查的内容； 2. 熟悉装卸搬运与就位安装的注意事项； 3. 了解注油与密封试验的方法； 4. 了解投入运行前的检查方法。		
自学简述	课前预习	学习内容、浏览资源、查阅资料	
	拓展学习	任务以外的学习内容	
任务研究	完成步骤	用流程图表达	
	任务分工	任务分工	完成人	完成时间

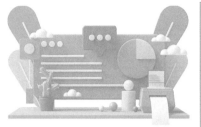

本人任务	
角色扮演	
岗位职责	
提交成果	

任务实施	完成步骤	第1步		
		第2步		
		第3步		
		第4步		
		第5步		
	问题求助			
	难点解决			
	重点记录	完成任务过程中，用到的基本知识、公式、规范、方法和工具等		成果提交
学习反思	不足之处			
	待解问题			
	课后学习			

过程评价	自我评价（5分）	课前学习	时间观念	实施方法	知识技能	成果质量	分值
	小组评价（5分）	任务承担	时间观念	团队合作	知识技能	成果质量	分值

3.1.3 知识与技能

3.1-1
变压器安装

变压器是用来变换交流电压、电流而传输交流电能的
一种静止的电器设备。它是根据电磁感应的原理实现电能传递的。变压器就其用途可分
为电力变压器、试验变压器、仪用变压器及特殊用途的变压器。电力变压器是电力输配
电、电力用户配电的必要设备；试验变压器是对电器设备进行耐压（升压）试验的设备；
仪用变压器作为配电系统的电气测量、继电保护之用（PT、CT）；特殊用途的变压器
有冶炼用电炉变压器、电焊变压器、电解用整流变压器、小型调压变压器等。

1. 按用途分类：电力变压器、试验变压器、仪用变压器及特殊用途的变压器。

2. 按冷却方式分类：干式（自冷）变压器、油浸（自冷）变压器和氟化物（蒸发
冷却）变压器。

3. 按电源相数分类：单相变压器、三相变压器和多相变压器。

4. 按绕组分类：双绕组、三绕组、自耦变压器。

5. 按铁芯或线圈结构分类：铁芯变压器（插入铁芯、C型铁芯和铁氧体铁芯）、壳
式变压器（插入铁芯、C型铁芯和铁氧体铁芯）、环形变压器和金属箔变压器。

一般通信工程中所配置的三相电力变压器为双绕组变压器。目前使用比较普通的
10kV变压器是油浸变压器，但进入高层建筑内的配电变压器则要求为干式变压器。一
般配电变压器单台容量不宜超过1000kVA，均为整体运输，整体安装。

1. 知识点——安装前的准备与检查

变压器安装前的检查包括外观检查和绝缘检查。绝缘检查包括测量变压器高压对
低压、对地的绝缘电阻值和绝缘油耐压实验。变压器绝缘电阻值若低于规定要求，应对
变压器进行干燥处理，绝缘油耐压低于规定值，应对变压器油进行过滤处理。

（1）变压器安装前的准备工作

1）清理施工现场，以保证安装和各项试验安全顺利地进行。

2）准备好变压器就位、吊芯检查及安装所用的工具。

3）对于容量较大且需要滤油的变压器，应准备好滤油设备及防火用具。

4）为保证安装和试验顺利进行，应准备好具有足够容量的临时电源。

（2）变压器安装前检查

1）外观检查

①核对变压器铭牌上的型号、规格等有关数据，是否与设计图纸要求相符。

②变压器外部不应有机械损伤，箱盖螺栓应完整无缺，变压器密封良好，无渗油
漏油现象。

③油箱表面不得有锈蚀，各附件油漆完好。

④套管表面无破损，无渗漏油现象。

⑤变压器轮距是否与设计轨距相符。

⑥变压器油面是否在相应气温的刻度上。

2）绝缘检查

①用2500V兆欧表测量变压器高压对低压对地的绝缘电阻值，阻值在450MΩ以上。

②绝缘油耐压数值在25kV以上。

2．知识点——装卸搬运与就位安装

为保证变压器安全地运到工地并顺利地就位，在变压器装卸和运输中应注意以下事项：

（1）变压器装卸搬运

1）采用吊车装卸起吊时，应使用油箱壁上的吊耳，严禁使用油箱顶盖上的吊环。吊钩应对准变压器中心，吊索与铅垂线的夹角不得大于30°，若不能满足时，应采用专用横梁挂吊。

2）当变压器吊起约30mm时，应停车检查各部分是否有问题，变压器是否平衡等，若不平衡，应重新找正。确认各处无异常，即可继续起吊。

3）变压器装到拖车上时，其底部应垫以方木，且应用绳索将变压器固定，防止运输过程中发生滑动或倾倒。

4）在运输过程中车速不可太快，特别是上、下坡和转弯时，车速应放慢，一般为10～15km/h，以防因剧烈冲击和严重振动而损坏变压器内部绝缘构件。

5）变压器短距离搬运可利用底座滚轮在搬运轨道上牵引，前进速度不应超0.2km/h，牵引的着力点应在变压器重心以下。

（2）变压器就位安装

变压器就位安装应注意以下事项：

1）变压器推入室内时，应注意高、低压侧方向与变压器室内的高低压电气设备的装设位置是否一致。

2）变压器基础轨道应水平，轨距应与变压器轮距相吻合。装有瓦斯继电器的变压器，应使其顶盖沿瓦斯继电器气流方向有1%～1.5%的升高坡度（制造厂规定不需安装坡度者除外）。

3）装有滚轮的变压器，就位后应将滚轮加以固定。

4）高、低压母线中心线应与套管中心线一致。母线与变压器套管连接，应防止套管中的连接螺栓跟着转动。

5）在变压器的接地螺栓上接上地线。如要变压器的接线组别是Y/Y₀，则还应将接地线与变压器低压侧的零线端子相连。变压器基础轨道亦应和接地干线连接，并应连接牢固。

6）在变压器顶部工作时，不得攀拉变压器的附件上下，严防工具材料跌落，损坏变压器附件。

3．知识点——注油与密封试验

（1）补充注油

在施工现场给变压器补充注油应通过油枕进行。为防止过多的空气进入油中，应先将油枕与油箱间联管上的控制阀关闭，把合格的绝缘油从油枕顶部注油孔经净油机注入油枕，至油枕额定油位。让油枕里面的油静止15～30min，使混入油中的空气逐渐逸出。然后，打开联管上的控制阀门，使油枕里面的绝缘油缓慢地流入油箱。重复操作，直到绝缘油充满油箱和变压器的有关附件，并且达到油枕额定油位为止。

补充注油工作全部完成以后，在施加电压之前，应保持绝缘油在电力变压器里面静置24h，再拧开瓦斯继电器的放气阀，检查有无气体积聚，并加以排放，同时，从变压器油箱中取出油样作电气耐压试验。

（2）密封试验

补充注油以后应进行整体密封试验。一般均用高于变压器附件最高点的油柱压力来进行。对于一般油浸式变压器，油柱的高应为0.3m，试验持续时间为3h，无渗漏。用0.3～0.6m长，直径为25mm的钢管，上面装有漏斗，将它拧紧在变压器油枕注油孔上，关闭变压器呼吸孔，往漏斗中加入与变压器油箱中相同标号的合格的变压器油。注意检查散热器与油箱接合处、各法兰盘接合处、套管法兰、油枕等处是否有漏油、渗油现象。如有渗漏应及时处理。试验完毕后，应将油面降到正常位置，并打开呼吸孔。

3.1-2
变压器密封试验方法

4．知识点——投入运行前的检查

（1）通电前的要求

通电前应对变压器进行全面检查，看其是否符合运行条件，如不符合应进行处理。其内容大致如下：

1）检查变压器各处应无渗漏油现象；

2）油漆完整良好，母线相色正确；

3）变压器接地良好；

4）套管完整清洁；

5）分接开关置于运行要求挡位；

6）高、低压引出线连接良好；

7）二次回路接线正确，试操作情况良好；

8）全部电气试验项目结束并合格；

9）变压器上无遗留的工具、材料等。

（2）变压器的冲击试验

全电压冲击试验由高压侧投入，接于中性点接地系统的变压器，在进行冲击合闸时，其中性点必须接地。

变压器第一次通电后，持续时间应不少于10min，变压器无异常情况，即可继续进行。5次冲击应无异常情况，保护装置不应误动作。

空载变压器通电后检查主要是听声音，情况异常时会出现以下几种声音：

1）声音比较大而均匀时，可能是电压过高；

2）声音比较大而嘈杂时，可能是铁芯结构松动；

3）有嗞嗞音响时，可能是芯部或套管有表面闪络；

4）有爆裂音响，既大而且不均匀，可能是芯部有击穿现象。

冲击试验通过后，变压器便可带负荷运行。在试运行中，变压器的各种保护和测温装置等均应投入，并定时检查记录变压器的温升、油位、渗漏等情况。

变压器冲击合闸正常，带负荷运行24h，无任何异常情况，可认为试运行合格。

3.1.4 问题思考

1．填空题

（1）变压器按冷却方式分：干式变压器、_____变压器和_____变压器。

（2）变压器短距离搬运可利用底座滚轮在搬运轨道上牵引，前进速度不应超_____km/h，牵引的着力点应在变压器重心以下。

（3）补充注油时让油枕里面的油静置_____min。

2．判断题

（1）密封试验时，对于一般油浸式变压器，试验持续时间为3h。

（2）变压器冲击合闸正常，带负荷运行48h，无任何异常情况，可认为试运行合格。

3．单选题

（1）采用吊车装卸起吊时，应使用油箱壁上的吊耳，严禁使用油箱顶盖上的吊环。吊钩应对准变压器中心，吊索与铅垂线的夹角不得大于_____，若不能满足时，应采用专用横梁挂吊。

A．15°　　　　　B．30°　　　　　C．45°　　　　　D．60°

（2）变压器第一次通电后，持续时间应不少于_____min。

A．10　　　　　B．15　　　　　C．20　　　　　D．25

4．问答题

（1）变压器安装前检查包括哪几项？检查的内容是什么？

（2）如何做变压器的冲击试验？

3.1.5 知识拓展

3.1-3 电力变压器调压	3.1-4 电力变压器与柴油发电机

任务 **3.2**
绝缘子、母线穿墙绝缘装置及硬母线的安装

3.2.1 教学目标与思路

【教学目标】

知识目标	能力目标	素养目标	思政要素
1. 掌握绝缘子安装方法； 2. 熟悉穿墙套管及穿墙隔板安装方法； 3. 掌握硬母线安装方法； 4. 了解母线槽安装方法。	1. 能安装绝缘子； 2. 能安装穿墙套管及穿墙隔板； 3. 能安装硬母线； 4. 能安装母线槽。	1. 具有良好倾听的能力，能有效地获得各种资讯； 2. 能正确表达自己思想，学会理解和分析问题。	1. 培养按计划工作的工作态度； 2. 树立以人为本，预防为主，安全第一的思想。

【学习任务】学会如何安装绝缘子、穿墙套管、穿墙隔板、硬母线和母线槽。

【建议学时】6学时

【思维导图】

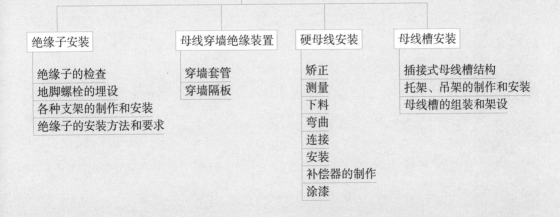

3.2.2 学生任务单

任务名称	绝缘子、母线穿墙绝缘装置及硬母线的安装	
学生姓名	班级学号	
同组成员		
负责任务		
完成日期	完成效果	
	教师评价	

学习任务	1. 掌握绝缘子安装方法； 2. 熟悉穿墙套管及穿墙隔板安装方法； 3. 掌握硬母线安装方法； 4. 了解母线槽安装方法。			
自学简述	课前预习	学习内容、浏览资源、查阅资料		
	拓展学习	任务以外的学习内容		
任务研究	完成步骤	用流程图表达		
	任务分工	任务分工	完成人	完成时间

	本人任务	
	角色扮演	
	岗位职责	
	提交成果	

		第1步		
任务实施	完成步骤	第2步		
		第3步		
		第4步		
		第5步		
	问题求助			
	难点解决			
	重点记录	完成任务过程中，用到的基本知识、公式、规范、方法和工具等		成果提交
学习反思	不足之处			
	待解问题			
	课后学习			

	自我评价（5分）	课前学习	时间观念	实施方法	知识技能	成果质量	分值
过程评价	小组评价（5分）	任务承担	时间观念	团队合作	知识技能	成果质量	分值

3.2.3 知识与技能

1. 知识点——绝缘子安装

绝缘子俗称瓷瓶，是用来支持或固定电气设备的导电体，使它与地绝缘，或者使装置中不同电压带电部分互相绝缘。

绝缘子多安装在墙上、金属支架、开关柜的框架或建筑构件上。这就需要根据绝缘子安装孔尺寸埋设螺栓孔或加工支架。

（1）绝缘子的检查。经过外观检查，选出表面无损伤的绝缘子（10kV的绝缘子），用5000V兆欧表测量绝缘电阻，新装绝缘子的绝缘电阻应大于或等于500MΩ，运行中绝缘子的绝缘电阻应大于或等于300MΩ。有条件时应做交流耐压试验。交流耐压试验可在安装前单独进行，也可在安装后和母线一起进行。低压绝缘子只做外观检查而不做其他试验。绝缘子的规格要符合设计要求，不得任意代用。

（2）地脚螺栓的埋设。当绝缘子直接安装在墙上混凝土构件上时，需要埋设地脚螺栓。其埋设方法有多种，如打孔埋设法、预留孔埋设法、膨胀螺栓法等。可以根据施工现场的具体情况来选择。无论用哪种方法，都应按设计要求，准确测量出埋设螺栓的位置，先画线后打孔再埋设。如同一直线上要埋设多个地脚螺栓时，应先用墨线在墙上弹出垂直或水平的粉线，量好各螺栓的距离，先打孔后埋螺栓。埋螺栓应先拉一线绳，以此为准埋设螺栓。埋设深度应符合要求，外露长度也要合适，短了会影响质量，长了又不美观。

（3）各种支架的制作和安装。绝缘子固定在支架上，支架固定在盘柜间，墙壁上和构件上，变配电装置中绝缘子的支架有多种形式。

3.2-1
母线支架

支架均用角钢或槽钢制成。支架的制作安装应按施工图纸的要求进行。支架制作的尺寸和安装位置应符合设计要求。支架制作的过程是：选材、平直、下料、弯曲、焊接、钻孔和刷油漆等。钻孔的中心点两边各钻一孔，再用圆锉锉成长圆形。安装支架时，应先核对位置，然后用水平尺找平、找正。经反复测量，确认合格后进行焊接或者用水泥填塞固定。金属支架应用φ8～φ10圆钢可靠接地。

（4）绝缘子的安装方法和要求。首先按设计要求确定出同一直线上首尾两个绝缘子的位置后，以此两点为准拉一条线绳，按此线安装中间的绝缘子。绝缘子中心误差不应超过±5mm。水平误差不应超过2mm。不能满足此要求时，应加垫铁来调整，对于室内的低压绝缘子，可用钢纸垫进行调整。

在固定绝缘子时，其螺栓应受力均匀适度，防止受力不均而造成损坏。所用扳手应拿稳，避免失手或脱落打坏绝缘子。安装垂直装设的绝缘子时，应从上而下安装。已安装好的绝缘子，应采取一些保护措施，防止碰伤或在旁边及上部电焊时损伤绝缘子釉面。安装完毕后，其顶盖、底座以及支架应刷一层灰色绝缘漆。

单独安装在墙上的绝缘子底座应可靠接地。装在金属支架上的绝缘子，只要支架已妥善接地就可以不再单独接地了。

2．知识点——母线穿墙绝缘装置

（1）穿墙套管

穿墙套管用于变电所配电装置作引导导电部分穿过建筑墙壁，使导电部分与地绝缘及支持用。

穿墙套管分室内室外两大类。其主要由瓷绝缘套管、穿芯铝排（或铜排）、法兰盘组成。

安装前应检查穿墙套管，其瓷釉应完好无损，法兰盘浇合牢固，用2500V兆欧表测其绝缘电阻，应不小于1000MΩ。

穿墙套管的安装方式有两种。一种是由土建预制混凝土穿墙套管板。

3.2-2
在混凝土穿墙板上的
套管安装

对于这种方式，安装时要仔细检查其套管孔的大小、固定螺孔的位置以及口径是否符合要求，特别要检查安装后对地安全距离是否符合要求。安装穿墙套管的墙体应平整，孔径应比嵌入部分大5mm以上，混凝土安装板的最大厚度不得超过50mm。用于1500A及以上额定电流的穿墙套管水泥板，在制作时套管周围的钢筋要做隔磁处理。即用非磁性材料将钢筋隔开，使其不形成磁的闭合回路。一般用铜、铝片隔开，用铜线绑扎。施工时对此要进行检查，不仅要保证进行此项处理，而且要求处理质量合格。

另一方式是由角钢制成框架（用∠50mm×50mm×5mm角钢），用厚度为3～5mm的钢板，开孔后固定在框架上。

3.2-3
在金属穿墙板上的
套管安装

将做好的隔板固定在预留孔内，再将穿墙套管安装在上面，最后将框架四周与墙体的间隙用水泥抹严。隔板制作好后，应除锈、涂漆。

当套管通过的额定电流超过1500A时，也要做隔磁处理，方法是把两只穿墙套管孔之间用气割割开一个槽，为了封密和提高强度，用非磁性金属将开的这个槽堵起来。最好是用铜焊把槽焊满，也可用铝板用螺栓或铆钉固定在穿墙板上。

当设计无规定时，套管应由室外向内装，固定螺栓由外向里穿。套管装在楼板上时，应由上向下穿，固定螺栓也是由上向下穿。户外型穿墙套管应注意其户内端及户外端。一般套管带裙端为户外端，无裙端为户内端。穿墙套管垂直安装时，法兰应在上方，水平安装时，法兰应在外侧。套管安装后应平直，三相应在同一中心线上。对于混凝土穿墙板上的套管，其中间的法兰盘应可靠接地。在金属穿墙板上安装套管，金属框架应接地。

（2）穿墙隔板的安装

穿墙隔板在低压母线过墙处，起到绝缘和封闭作用。

3.2-4
穿墙隔板

用∠40mm×40mm×4mm或∠30mm×30mm×4mm的角钢做成框架后，固定在预留孔内，将塑料板或电木板加工制作，安装在角钢框架中，用螺栓拧紧。母线由槽中通过，安装好后的缝隙不得大于1mm，过墙板缺口与母线保持2mm空隙。角钢框架应可靠接地。

3．知识点——硬母线安装

硬母线从材质上分为铜、铝、钢三种，本知识点主要讲述常用的铜、铝矩形母线的制作和安装。

（1）母线的矫正

安装好的母线要求横平竖直，因此对于已进入施工现场的铜、铝母排进行平直矫正。其方法如下：

安装前母线必须进行矫正。矫正的方法有手工矫正和机械矫正两种。手工矫正时，把母线放在平台上或平直的型钢上，用硬木锤直接敲打平直，也可以用垫块（铜、铝、木垫块）垫在母线上，再用铁锤间接敲打平直，敲打时，用力要均匀适当，不能过猛，否则会引起变形。更不准用铁锤直接敲打。对于截面积较大的母线可用母线机进行矫正。

（2）母线尺寸的测量

在设计图中，母线的长度和加工尺寸没有表示出来，而且也无法表示。因此母线的尺寸必须根据现场的具体情况来决定。测量时需用线坠、白线绳、角尺和卷尺等工具。

在两个不同垂直面上装设的一段母线，测量时先在两个绝缘子与母线接触面处各系一线坠。用尺量取两线间的距离A_1及两绝缘子中心线间的距离A_2，而B_1、B_2的尺寸可自由选择。将测出的尺寸绘于纸上，然后根据尺寸在铁板或平台上画出大样，以此为准对母线进行弯曲，弯曲中的母线随时进行对照，直到合乎尺寸为止。

（3）母线下料

下料的方法可以用手工，有条件也可用机械。手工下料是用钢锯来锯，机械下料可用锯床、电动冲床等。由于铜、铝材质较软，所以用手工下料比较容易。下料时应注意以下几点：

1）根据母线下料长度和母线实际需用长度合理选材、切割，以免造成浪费。

2）为检修和拆卸方便，长母线就在适当的地点分段并用螺栓连接，但接头不宜太多，否则既增加了工作量又会影响工程质量。

3）下料时母线要留有适量的裕度，特别是成形后有弯曲误差的母线。应避免弯曲时产生误差而整根报废（如弯不在预定位置或三相弯曲不一致、不协调等）。弯制好的母线应在设备或盘柜上量好后，再锯去端头多余的一小段。

4）下料锯料的母线，切口上如有毛刺，要用锉刀或其他刮削工具将毛刺去掉。

（4）母线的弯曲

矩形母线的弯曲，有平弯、立弯、扭弯三种形式。

3.2-6
矩形母线的弯曲

1）平弯。弯曲的半径的大小与母线厚度有关，母线的最小弯曲半径见表3.2-1。

母线的最小弯曲半径　　　　　　　表3.2-1

弯曲种类	母线截面积	最小弯曲半径		
		铜	铝	钢
平弯	50mm × 5mm及其以下	$2b$	$2b$	$2b$
	125mm × 10mm及其以下	$2b$	$2.5b$	$2b$
立弯	50mm × 5mm及其以下	$1a$	$1.5a$	$0.5a$
	125mm × 10mm及其以下	$1.5a$	$2a$	$1a$

2）立弯。立弯的半径不能太小，否则会使母线断裂。顶压的速度也不宜太快。母线是否弯好，要随时用事先做的样板测量。以上所述是用简单的立弯机对母线进行冷弯曲。如果工程量较少或母线立弯又不多，且无立弯机时，也可将母线加热后进行弯制。

其弯曲的方法是：先在较平的钢板或平台上放出母线弯曲的大样，并做出简单的胎具。用气焊将母线加热，铝母线约为250℃，铜母线约为350℃，温度低弯曲困难并能造成母线断裂。温度高可能使母线熔化。因此，加热弯曲时掌握温度十分重要，这需要很好地与气焊工配合。加热要均匀，当达到温度时慢慢弯成所需的弯度。

对于个别较短母线段的立弯，如与隔离开关连接处，与变压器低压引线套管连接处，此处母线既短弯又多，弯曲时极其困难，因此，可采用与母线相同厚度的铝板将弯曲段制作出来，再与直段母线焊接起来，这种方法既省工又美观又能保证质量。

3）扭弯。扭弯如在母线端部，可将一端夹在台虎钳上，在距台钳口大于母线宽度2.5倍处，用自制的夹板将母线夹住，用力扭转90°多一点即可扭出弯来，如果弯在母线中间插于角钢中夹紧，然后同样用夹板进行扭弯。

3.2-7
扭弯的要求

不用夹板也可以扭弯，方法是用两只活扳子，夹住母线的两侧，另一端夹在台虎钳上，将两活扳子同时用力扭转90°多一点即可，然后稍作平整。此法质量稍差但很简便，有其实用价值。

4）鸭脖弯。鸭脖弯用于母线螺栓连接的接头外，使两条连接母线的中心线在一个水平上，鸭脖弯可以在虎钳上弯成，也可用模子压成。模压时先将母线端头放在模子中间槽钢框内，再用千斤顶顶成鸭脖弯。

（5）母线的连接

母线连接有焊接和搭接两种。搭接就是用螺栓连接。搭接简便易行，但存在一个发热和腐蚀问题。只有按正确的工艺施工，才能保证连接质量。

焊接是将母线熔焊成一个整体，使其在本质上连接，减少了接触面，消除了发热问题，导电性能好、质量高，所以在有条件的地方尽可能采用焊接。只是铜、铝焊接要求焊工有较高的焊接技术，并应有焊工考试合格证。

母线搭接包括以下各项工作内容：

1）钻孔。母线既然用螺栓连接，就必须钻孔。不同规格的母线搭接长度、连接螺栓数目、直径和孔径规格均有规定。

3.2-8
母线搭接尺寸
及钻孔要求

一般有4孔、3孔、2孔和1孔。孔径一般都大于螺栓直径1mm，搭接长度大于或等于母线宽度。规定的目的是保证母线连接的质量，因此必须认真执行。

ϕ19mm及以下的孔可在小台钻上钻出，不宜用手电钻钻孔，手电钻钻出的孔质量不好。ϕ20mm以上的孔需要在立式钻床上钻孔，这种钻孔常在墙穿套管或设备的引线上出现。因为铜铝母线质地较软，钻孔时要将钻头磨成平钻头。普通麻花钻头钻出来的孔不圆。钻孔前要按照规定尺寸，使用角尺、钢板尺、划针或铅笔等工具划出孔的位置及切割线，然后在十字花中心打下较深的定位孔，钻头对准定位孔开钻。要控制钻头和母线，不让它们晃动或偏离中心位置。要求孔垂直，不歪斜，孔与孔之间中心误差不大于0.5mm。为了提高工作效率，可用0.5mm厚薄钢板做成样板，样板上按规定孔位钻有小孔，将样板紧套在母线上，然后打出定位孔，以后再钻孔。这样做对同样规格的连接面省去了逐个划线的手续，并且也减少了误差。母线与设备连接的端头，最好把母线靠在设备桩头上，用削尖的铅笔画出孔的位置，再拿下母线找出第一个孔的中心，打上定位孔，以后再钻孔，这样做可防止因设备原孔歪斜而造成对不上。

对于直接固定在瓷瓶上的低压母线，钻孔时应使孔成为椭圆形，这样可使母线安装时有一定的调整余地，同时也可使母线在电动力作用下有伸缩余地。具体做法是：先量好孔的位置画出十字线，在线的两边按所用钻头的半径各打一定位孔，然后钻个孔，再用圆锉将两个孔锉成一个连通孔。

2）母线接触面的加工

接触面加工得好坏，是母线连接质量的关键，不能忽视，特别是对于铜铝母线的连接，由于电化学腐蚀问题的存在，更要求处理好接触面。改善母线连接质量一直是人们研究的课题，母线连接的接触面从表面上看为平面，但在放大后看仍是不平的多点接触，不可能做到完全平面接触，一般要求接触面所增加的电阻，不能大于同样长度母线本身电阻的20%。带有氧化膜的铜，铝母线接触面接触电阻大容易发热，因此，要求加工不仅平整，且应无氧化膜，还要防止产生新的氧化膜层。

母线接触面加工方法有机械加工和手工锉削两种。机械加工是指用铣、刨、冲压等机械进行加工。单位有条件也可自制简易的母线接触面削铣机。机械加工可提高工作效率减轻劳动强度，确保工作质量。

接触面冲压也是一种加工方法。它是在母线接触面上冲压出花纹麻面，这是根据点接触原理进行的。其做法是：先制成不同密度的花纹冲模，然后将母线接触面放在花冲模上，再用千斤顶将冲模上的花纹压在母线接触面上。这种方法已在部分厂家制造的设备接头上应用。

手锉加工是一种最常用的方法，它的具体加工方法是：先选好母线平整无伤痕的端面作接触面，将其平放枕木或条凳上，用双手横握扁锉，用锉刀根部较平的一段在接触面上作前后推拉，锉削长度略大于接触面即可，不宜过大。锉削（实际是磨削）应用力均匀，用力过大效果并不一定好。磨削过程中，随时用短钢板尺，测量加工面的平整度，一般磨削到除去全部氧化膜，用钢板尺测量达到平整（即钢板尺立在加工面上，尺与加工面间无缝隙）即可，再用钢丝刷刷去表面的碎屑后，涂上一层电力复合脂，如不立即装时，应用干净的水泥袋纸或塑料布包好，妥善保存，以备安装。

接触面加工后，其截面积减少值，铜母线不应超过原有截面积的1%，铝母线不应超过3%。加工中容易出现接触面中间高的毛病，这是锉刀拿得不平或用力过大锉刀摆动造成的。磨削接触面是一项要求很高且劳动强度较大的工作，必须耐心、细致地工作，才能保证质量并取得预期的效果。

铜母线或钢母线接触面经加工后，不必涂电力复合脂，只要把表面的碎屑刷净，搪上一层锡即可。搪锡的方法是：先将焊锡放在焊锡锅中用木炭、喷灯或气焊加热熔化，再把母线的接触面涂上焊锡油，慢慢浸入焊锡锅中，待焊锡附在母线表面后，把母线从焊锡锅中取出，用破布擦去表面的浮渣，露出银白色光洁表面即可。

3）母线搭接的一些要求

①母线连接用螺栓应选用精制镀锌螺栓，直径要符合规定。螺栓长度应为安装后露出2～3扣为宜，在母线平放时，贯穿螺栓应由下向上穿，在其他情况下螺母应置于运行时的维修侧。螺栓的两侧都要有精制镀锌平垫圈，螺母侧应装有弹簧垫圈。垫圈不应构成磁路而发热。拧紧螺栓时，应用与螺栓规格相同的力矩扳手拧紧螺栓。

②螺栓连接的接触面要求紧密。

③母线与母线，母线与设备端子的连接根据金属材料的不同，采用下述规定方法进行连接：

铜-铜：在干燥的室内可以直接连接，在室外，高温或潮湿的室内和有腐蚀性气体的室内，接触面必须搪锡。

铝-铝：在任何情况下可以直接连接。

钢-钢：在任何条件下，接触面都必须镀锌或搪锡。

铜-铝：在干燥的室内铜搭接面搪锡，室外或潮湿的室内，应该使用铜铝过渡板，铜铝过渡板的铜部分也要搪锡。

　　钢-铜或铝：钢搭接面搪锡。

　　镀锡的方法与前节所述相同。

　　（6）母线的安装

　　母线在绝缘子上的固定方法，通常有三种。一种

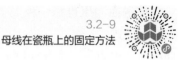

3.2-9
母线在瓷瓶上的固定方法

方法是用螺栓直接将母线拧在瓷瓶上。这种方法需事
先在母线上钻椭圆形孔，以便在母线温度变化时，使母线有伸缩余地，不致拉坏瓷瓶。
第二种方法是用夹板。第三种方法是用卡板固定。这种方法只要把母线放入卡板内，将
卡板扭转一定角度卡住母线即可。

　　母线固定在瓷瓶上，可以平放，也可以立放，视需要而定。

　　当母线水平放置且两端有拉紧装置时，母线在中间夹具内应能自由伸缩。如果在
瓷瓶上有同一回路的几条母线，无论平放或立放，均应采用特殊夹板固定。当母线平放
时应使母线与上部压板保持1～1.5mm的间隙。母线立
放时，母线与上部压板应保持1.5～2mm间隙。这样，

3.2-10
多片矩形母线的固定

当母线通过负荷电流或短路电流受热膨胀时就可以自
由伸缩，不致损伤瓷瓶。

　　当母线的工作电流大于1500A时，每相交流母线的固定金具或其他支持金具不应构
成闭合磁路，否则应按规定采用非磁性固定金具或其他措施。

　　（7）母线补偿器的制作

　　变配电装置中安装的母线，应按设计规定装设补偿器。无设计规定时，宜每隔以
下长度设置一个：铝母线20～30m，铜母线30～50m，钢母线35～60m。

　　补偿器的装设是为了使母线热胀冷缩时有一个可伸缩的余地，不然会对母线或支
持绝缘子产生破坏作用。补偿器又称伸缩节或伸缩接头，有铜、铝两种。现将铜制的
母线补偿器的制作工艺过程叙述如下：将0.2～0.5mm厚的紫铜片裁成与母线宽度相同
的条子，多片叠装后其总截面积应不小于母线截面积的1.2倍，每片长度为母线宽度的5
倍。下好料后将每片两端为母线宽度1.1～1.2倍的那一段，用砂布除去氧化层，涂上焊
锡油后在焊锡锅中镀锡（所用焊锡锅要大些），具体方法与前节所述相同。所有单片两
端都镀好锡后，把它们叠成一起，整齐后用自制的夹板（夹板用10mm钢板制成方形四
角钻孔），将补偿器两端镀锡段夹紧，然后对夹板用气焊进行加热，加热到一定温度时
焊锡开始熔化，此时应将夹板逐步再夹紧，同时继续加垫，直到夹紧至最小厚度为止，
停止加温，再对另一端以同样的方法进行制作。全部制
作完毕后，按要求钻孔并与母线连接。

3.2-11
补偿装置与母线连接

　　母线螺栓连接时要均匀拧紧。铝母线连接更不能
过分拧紧，因为这样会使母线局部变形，接触面反而会减少。应使用与螺栓相同规格的
扳子。推荐最小力矩数值为：M10螺栓16.7～22.3N·m，M12螺栓30～40N·m，M16螺栓

70 ~ 80N · m，M18螺栓98 ~ 127.4N · m。

母线和设备连接时，要求不应使设备端子受任何外加应力，否则应改动母线的长度或支持绝缘子的位置，不可勉强硬行连接。

在变配电装置中，相同布置的主母线、分支母线、下引线及设备连接线，要做到横平竖直，整齐美观。各回路的相序排列应一致，设计中如无特殊规定，可参照下列原则：

1）垂直布置的母线：

交流，U、V、W相排列应是由上向下。

直流，正负排列应是由上向下。

2）水平布置的母线：（从设备前正视）

交流，U、V、W相排列应是由内向外。

直流，正负排列应是由内向外。

3）引下线排列：（从设备前正视）

交流，U、V、W相排列应是由左到右。

直流，正负排列应是由左向右。

（8）母线涂漆

母线刷油漆后可以防锈蚀，加强散热，便于识别和增加美观。母线油漆颜色规范要求如下：

1）三相交流母线：U黄、V绿、W红。

2）单相交流母线：应与引出母线相颜色相同。

3）直流母线：正极为赭色、负极为蓝色。

4）交直流中性母线：不接地者为紫色，接地者为紫色带黑色条纹。

4．知识点——母线槽安装

插接式母线槽用于工厂企业、车间作为电压500V以下，额定电流1000A以下，用电设备较密集的场所作配电用。插接式母线槽由金属外壳、绝缘瓷插座及金属母线组成。

（1）插接式母线槽结构

插接式母线槽由金属外壳、绝缘瓷插座及金属母线组成。

插接式母线槽每段长3m，前后各有4个插接孔，其孔距为700mm。

金属外壳用1mm厚的钢板压成槽后，对合成封闭型，具有防尘、散热等优点。绝缘瓷插盒采用烧结瓷。每段母线装8个瓷插盒，其中两端各一个，作为固定母线用，中间6个作插接用。

金属母线根据容量大小，分别采用铝材或铜材。

350A以下容量为单排线，800 ~ 1000A的用双排线。

当进线盒与插接式母线槽配套使用时，进线槽装于插接式母线槽的首端，380V以

3.2-12

MC-1型插接式
母线槽外形图

下电源通过进线盒加到母线上。

当分线盒与插接式母线槽配套使用时，分线盒装在插接式母线槽上。把电源引至照明或动力设备。分线盒内装有RTO系列熔断器，可分为60A、100A、200A三种，作为电力线路短路保护用。

3.2-13
MC-1型插接式
母线槽进线盒外形图

3.2-14
MC-1型插接式
母线槽分线盒外形尺寸

（2）托架、吊架的制作和安装

托架由撑板、挡板（分固定挡板和可拆挡板）的方铁组成。撑板用∠40mm×4mm×4mm角钢制成，一端焊接固定在柱子预埋件上，另一端焊上一块小方铁，撑板上开一小槽，用以卡入母线槽外壳起定位作用。小方铁用来固定可拆挡板。固定挡板（25mm×4mm扁钢）焊在撑板内侧，起母线限位作用。

3.2-15
托架制作尺寸图

吊架位于托架上方约700mm。用2个M10碳钢膨胀螺栓固定在柱子上。吊架上焊接直径为8mm圆钢制成的椭圆拉环，吊索穿入拉环中固定。

（3）母线槽的组装和架设

为了安装方便，可把2～3段母线槽先在地面连接成一体，然后架设到托架上，最后再把各段连成一个整体。

1）母线槽的段间连接

两段母线槽连接时，需注意使三相母线的搭接接触面相互保持平行。具体做法是先在外壳上的连接固定长孔穿入M6螺栓做临时固定，然后在母线槽端部连接"窗"内，用垫圈、弹簧垫圈、M8×25螺栓、螺母把两段母线初步连接，使母线处于自然平直状态，当确认母线槽外壳安装和母线安装平直度均达到要求时，将连接螺栓拧紧。

3.2-16
母线槽的段间连接

母线槽安装完毕后，在两侧面再盖上中端盖。并在中端"窗"两侧的接零板上焊上跨接地线。

2）母线槽与进线盒的连接

进线盒安装在某一中段"窗"上时，进线方向若从母线上部引入，进线盒可倒装。当母线槽全部安装完毕后，再进行配管、焊接跨接地线，穿线和压线等工作。

3.2-17
母线槽与进线盒的连接

3）母线槽与分线盒的连接

分线盒是从母线槽引出的支路接线盒，可就近安装在母线槽任意一侧的插孔上。盒盖中装有封闭式熔断器，作线路的短路保护。当盒盖打开时，熔断器脱离母线，引出的支路也就脱离电源。

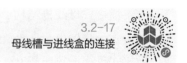

3.2-18
母线槽上装设分线盒和分线盒
接入时插件上连接情况

4）母线槽架设

几段母线槽组装完毕后，可由3～4人利用人字梯的同时用肩抬的方式放入已固定在柱子上的托架上就位。再按前述段间连接的方法将其连成整体，并装上吊索，吊索采用4mm镀锌铁线或钢绞线（柱距12m时用）。钢绞线穿过悬挂夹，在吊架端用钢丝夹子将线头夹紧。并通过吊索上的M12型花篮螺栓调整吊索的松紧，使母线槽保持在同一水平面上。

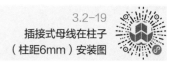

3.2-19
插接式母线在柱子
（柱距6mm）安装图

3.2-20
母线槽总体安装示意图

3.2.4　问题思考

1．填空题

（1）新装绝缘子的绝缘电阻应大于或等于_____MΩ。

（2）安装穿墙套管的孔径应比嵌入部分大_____以上。

（3）母线按材料可分为_____母线、_____母线和_____母线。

2．判断题

（1）穿墙套管垂直安装时，法兰应向下方。

（2）安装低压母线穿墙隔板时，上、下隔板缝隙不得小于2mm，穿墙隔板缺口与母线应保持1mm空隙。

（3）水平布置的交流母线，U、V、W相排列应是由右向左。

3．单选题

（1）在绝缘子上安装矩形母线时，母线的孔眼一般钻成_____。

A．椭圆形　　　　B．圆形　　　　C．长方形　　　　D．三角形

（2）变配电装置中安装的母线，应按设计规定装设补偿器。无设计规定时，下面间隔正确的是_____。

A．铝母线20～30m　　　　　　　　B．铜母线40～60mm

C．钢母线50～80mm　　　　　　　D．以上皆不对

4．问答题

（1）母线与母线，母线与设备端子的连接根据金属材料的不同，如何连接？

（2）简述母线油漆颜色规范要求。

任务 3.3
各种盘、柜、屏安装

3.3.1 教学目标与思路

【教学目标】

知识目标	能力目标	素养目标	思政要素
1. 熟悉基础槽钢的埋设方法； 2. 掌握设备开箱检查与搬运的要求； 3. 熟悉柜（屏、台）的安装方法； 4. 了解盘、柜上电器安装要求。	1. 能埋设基础槽钢； 2. 能开箱检查与搬运设备； 3. 能安装柜（屏、台）； 4. 能安装盘、柜上电器。	1. 具有良好倾听的能力，能有效地获得各种资讯； 2. 能正确表达自己思想，学会理解和分析问题。	1. 培养按计划工作的工作态度； 2. 树立以人为本，预防为主，安全第一的思想。

【学习任务】学会埋设基础槽钢，设备开箱检查与搬运，安装柜（屏、台），安装盘柜电器。

【建议学时】2学时

【思维导图】

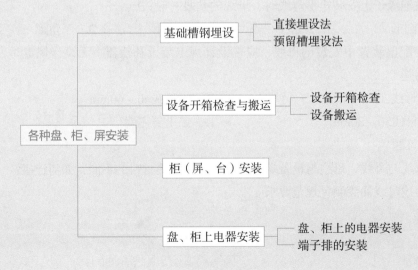

3.3.2 学生任务单

任务名称		各种盘、柜、屏安装	
学生姓名		班级学号	
同组成员			
负责任务			
完成日期		完成效果	
		教师评价	

学习任务	1. 熟悉基础槽钢的埋设方法； 2. 掌握设备开箱检查与搬运的要求； 3. 熟悉柜（屏、台）的组立要求； 4. 了解盘、柜上电器安装要求。		
自学简述	课前预习	学习内容、浏览资源、查阅资料	
	拓展学习	任务以外的学习内容	
任务研究	完成步骤	用流程图表达	
	任务分工	任务分工	完成人	完成时间

任务分工	完成人	完成时间

	本人任务	
	角色扮演	
	岗位职责	
	提交成果	

任务实施	完成步骤	第1步		
		第2步		
		第3步		
		第4步		
		第5步		
	问题求助			
	难点解决			
	重点记录	完成任务过程中，用到的基本知识、公式、规范、方法和工具等	成果提交
学习反思	不足之处			
	待解问题			
	课后学习			

过程评价	自我评价 （5分）	课前学习	时间观念	实施方法	知识技能	成果质量	分值
	小组评价 （5分）	任务承担	时间观念	团队合作	知识技能	成果质量	分值

3.3.3　知识与技能

各种盘、柜、屏是变配电装置中的重要设备，其安装工序包括：基础槽钢埋设，开箱检查搬运、立柜、开关调整、盘柜校线及控制电缆头制作及压线等。各种盘、柜、屏安装是安装工程中的重要内容，安装质量直接影响变配电的运行。

1．知识点——基础槽钢埋设

各种盘、柜、屏的安装通常以角钢或槽钢做基础。

型钢的埋设方法，一般有下列两种：

3.3-1
基础槽钢埋设

（1）直接埋设法

此种方法是在土建打混凝土时，直接将基础槽钢埋设好。首先将10号或8号槽钢调直、除锈，并在有槽

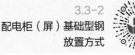

3.3-2
配电柜（屏）基础型钢放置方式

的一面预埋好钢筋钩，按图纸要求的位置和标高在土建打混凝土时放置好。在打混凝土前应找平、找正。找平的方法是用钢水平尺调好水平，并应使两根槽钢处在同一水平面上，且平行。找正则是按图纸要求尺寸反复测量，确认准确后将钢筋头焊接在槽钢上。

（2）预留槽埋设法

此种方法是土建施工时预先埋设固定基础槽钢的地脚螺栓，待地脚螺栓达到安装强度后，基础槽钢用螺母固定在地脚螺栓上。槽钢埋设应符合表3.3-1的规定。基础型钢安装后，其顶部宜高出最终地面10~20mm。

3.3-3
基础型钢安装

配电柜（屏）基础型钢埋设允许偏差　　　　　　　　　　表3.3-1

项目	允许偏差	
	mm/m	mm/全长
不直度	1	5
不平度	1	5
位置偏差及不平行度	—	5

柜、台、箱的金属框架及基础型钢应与保护导体可靠连接，对于装有电器的可开启门，门和金属框架的接地端子间应选用截面积不小于4mm²的黄绿色绝缘铜芯软导线连接，并应有标识。

2．知识点——设备开箱检查与搬运

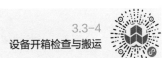
3.3-4
设备开箱检查与搬运

（1）设备开箱检查

盘、柜运到施工现场后，应及时进行开箱检查和

清扫。设备开箱检查由安装施工单位执行，供货单位、建筑单位、监理单位参加，并做好检查记录。

按设计图纸、设备清单核对设备件数。按设备装箱单核对设备本体及附件，备件的规格、型号。

柜（屏、台、盘）本体外观检查应无损伤及变形，油漆完整，色泽一致。

柜内电器装置及元件齐全，安装牢固，无损伤无缺失。

箱检查应配合施工进度计划，结合现场条件，吊装手段和设备到货时间的长短灵活安排。设备开箱后应尽快就位，缩短现场存放时间和开箱后保管时间。可先做外观检查，柜内检查待就位后进行。

（2）设备搬运

柜（屏、台）搬动，吊装由起重工作业，电工配合。

设备吊点，柜顶设吊点者，吊索应利用柜顶吊点，未设有吊点者，吊索应挂在四角承力结构处，吊装时宜保留并利用包装箱底盘，避免索具直接接触柜体。

柜（屏、台）室内搬动、位移应采用手动插车，卷扬机、滚杠和简易马凳式吊装架配捯链吊装，不应采用人力撬动方式。

设备进货时间按计划安排，成套配电柜到货时间宜相对集中，尽量减少现场库存和二次搬动，如需库存和二次搬动时，应保证库存和运输安全。

3．知识点——柜（屏、台）安装

按设计要求用人力将盘或柜搬放在安装位置上，当柜较少时，先从一端精确地调整好第一个柜，再以第一个柜为标准依次调整其他各柜，使其柜面一致、排列整齐、间隙均匀。当柜较多时，宜先安装中间一台，再调整安装两侧其余柜。调整时可在柜的下面加垫铁（同一处不宜超过3块），直到满足表3.3-2的要求，即可进行固定。安装在振动场所的配电柜，应采取防振措施，一般在柜下加装厚度约10mm的弹性垫。

盘、柜安装的允许偏差　　　　　　　　　　表3.3-2

项目		允许偏差（mm）
垂直度（每米）		1.5
水平偏差	相邻两盘顶部	2
	成列盘顶部	5
盘面偏差	相邻两盘边	1
	成列盘面	5
盘间接缝		2

配电柜的固定多用螺栓固定或焊接固定。若采用焊接固定，每台柜的焊缝不应少于4处，每处焊缝长度100mm左右。为保持柜面美观，焊缝宜放在柜体的内侧。焊接时，应把垫于柜下的垫铁也焊在基础型钢上。对于主控制盘、自动装置盘、继电保护盘不宜与基础型钢焊死，以便迁移。

盘、柜的找平可用水平尺测量，垂直找正可用磁力线坠吊线法或用水平尺的立面进行测量。如果不平或不正，可加垫铁进行调整。调整时既要考虑单块盘柜的误差，又要照顾到整排盘柜的误差。

配电装置的基础型钢应做良好接地，一般采用扁钢将其与接地网焊接，且接地不应少于两处，一般在基础型钢两端各焊一扁钢与接地网相连。基础型钢露出地面的部分应刷一道防锈漆。

4．知识点——盘、柜上电器安装

（1）盘、柜上的电器安装应符合下列规定：

1）电器元件质量应良好，型号、规格应符合设计要求，外观应完好，附件应齐全，排列应整齐，固定应牢固，密封应良好。

2）电器单独拆、装、更换不应影响其他电器及导线束的固定。

3）发热元件宜安装在散热良好的地方，两个发热元件之间的连线应采用耐热导线。

4）熔断器的规格、断路器的参数应符合设计及级配要求。

5）压板应接触良好，相邻压板间应有足够的安全距离，切换时不应碰及相邻的压板。

6）信号回路的声、光、电信号等应正确，工作应可靠。

7）带有照明的盘、柜，照明应完好。

（2）端子排的安装应符合下列规定：

1）端子排应无损坏，固定应牢固，绝缘应良好。

2）端子应有序号，端子排应便于更换且接线方便，离底面高度宜大于350mm。

3）回路电压超过380V的端子板应有足够的绝缘，并应涂以红色标识。

4）交、直流端子应分段布置。

5）强、弱电端子应分开布置，当有困难时，应有明显标识，并应设空端子隔开或设置绝缘的隔板。

6）正、负电源之间以及经常带电的正电源与合闸或跳闸回路之间，宜以空端子或绝缘隔板隔开。

7）电流回路应经过试验端子，其他需断开的回路宜经特殊端子或试验端子。试验端子应接触良好。

8）潮湿环境宜采用防潮端子。

9）接线端子应与导线截面积匹配，不得使用小端子配大截面积导线。

二次回路的连接件均应采用铜质制品，绝缘件应采用自熄性阻燃材料。盘、柜的正面及背面各电器、端子排等应标明编号、名称、用途及操作位置，且字迹应清晰、工整，不易脱色。盘、柜上的小母线应采用直径不小于6mm的铜棒或铜管，铜棒或铜管应加装绝缘套。小母线两侧应有标明代号或名称的绝缘标识牌，标识牌的字迹应清晰、工整，不易脱色。如果遇到设计修改需在盘上增加或更换电气元件，要在盘、柜面上开孔时，首先要选好位置，增加或更换的电器元件不应影响盘面的整齐美观。屏顶上小母线不同相或不同极的裸露载流部分之间，以及裸露载流部分与未经绝缘的金属体之间，其电气间隙不得小于12mm，爬电距离不得小于20mm。盘、柜内带电母线应有防止触及的隔离防护装置。

钻孔时先测量孔的位置，打上定位孔。打定位孔时应在盘背面孔的位置处用手锤顶住，然后再打，以防止盘面变形或因振动损坏盘上其他电器元件。用手电钻钻孔时，应注意勿使铁屑漏入其他电器里。

开比较大的孔时，先测量准位置，然后用铅笔画出洞孔的四边线。在相对的两角内侧钻孔，用锉刀将孔锉大至两侧边线后，用钢锯条慢慢锯割，直至锯出方孔，再用锉刀将四周锉齐。切不可用气割切割，那样会使盘柜面严重变形。

由于更换电器元件或减少而留下的多余的孔洞，应进行修补。其方法是用相同厚度的铁板做成与孔洞相同的形状，但应略小于孔洞缝隙，只要能将其镶入即可。再在背面用电焊点焊固定，在四周点几点就可以，焊点多会使盘面变形。然后用腻子抹平缝隙，用细砂纸磨平后，喷漆即可。

对于小的孔洞可用线头塞入砸平，再用细锉找平，打上腻子用细砂纸磨平喷漆。

3.3.4　问题思考

1．填空题

（1）开关柜在安装前应进行基础检查，其中槽钢基础水平度误差应小于_____。

（2）设备开箱检查由安装_____执行。

2．判断题

（1）安装高压开关柜时，其基础槽钢上面的标高应高出地平面40mm。

（2）盘、柜安装时，盘间接缝的允许偏差值为2cm。

3．单选题

（1）配电柜安装要求垂直误差不大于配电柜高度的_____。

A．1/1000　　　　B．1.5/1000　　　　C．2/1000　　　　D．3/1000

（2）对于装有电器的可开启门，门和金属框架的接地端子间应选用截面积不小于_____mm²的黄绿色绝缘铜芯软导线连接。

A．1.5　　　　　　B．2.5　　　　　　C．4　　　　　　　D．6

4．问答题

盘、柜上的电器安装应符合哪些规定？

3.3.5 知识拓展

3.3-6 槽钢底座	3.3-7 电源柜装配操作规程

CHAPTER 4

项目 4
电气照明装置安装

✖ 任务 4.1
照明设备安装

4.1.1 教学目标与思路

【教学目标】

知识目标	能力目标	素养目标	思政要素
1. 掌握照明设备安装要求； 2. 熟悉各种灯具安装方法。	能安装各种照明灯具。	1. 具有良好倾听的能力，能有效地获得各种资讯； 2. 能正确表达自己思想，学会理解和分析问题。	1. 培养按计划工作的工作态度； 2. 树立以人为本，预防为主，安全第一的思想。

【学习任务】学会各种照明灯具的安装方法及安装时的注意事项。

【建议学时】2学时

【思维导图】

照明设备安装

照明灯具安装规定　　常用灯具的安装　　专用灯具的安装

常用灯具的安装：
悬吊式灯具
吸顶灯
壁灯
荧光灯
高压水银灯
碘钨灯

专用灯具的安装：
应急照明灯
霓虹灯
建筑物景观照明灯
航空障碍标志灯
手术台无影灯
紫外线杀菌灯
游泳池和类似场所用灯具
建筑物彩灯
太阳能灯具
洁净场所灯具
防爆灯具

4.1.2 学生任务单

任务名称	照明设备安装	
学生姓名	班级学号	
同组成员		
负责任务		
完成日期	完成效果	
	教师评价	

学习任务	1. 掌握照明设备安装要求； 2. 熟悉各种灯具安装方法。			
自学简述	课前预习	学习内容、浏览资源、查阅资料		
	拓展学习	任务以外的学习内容		
任务研究	完成步骤	用流程图表达		
	任务分工	任务分工	完成人	完成时间

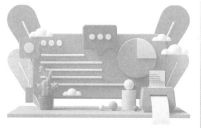

	本人任务	
	角色扮演	
	岗位职责	
	提交成果	

		第1步	
任务实施	完成步骤	第2步	
		第3步	
		第4步	
		第5步	
	问题求助		
	难点解决		
	重点记录	完成任务过程中，用到的基本知识、公式、规范、方法和工具等	成果提交
学习反思	不足之处		
	待解问题		
	课后学习		

过程评价	自我评价（5分）	课前学习	时间观念	实施方法	知识技能	成果质量	分值
	小组评价（5分）	任务承担	时间观念	团队合作	知识技能	成果质量	分值

4.1.3 知识与技能

1．知识点——照明灯具安装一般规定

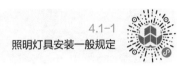

4.1-1
照明灯具安装一般规定

随着技术进步，各种类型光源产品不断出现，常用的照明灯具类型有白炽灯、卤钨灯、普通直管型荧光灯、三基色荧光灯、紧凑型荧光灯、荧光高压汞灯、金属卤化物灯、高压钠灯、高频无极灯、LED灯等。

灯具产品种类繁多，可按照安装方式和出光口形式划分类型。按照安装方式一般分为吊灯、吸顶灯、嵌入式灯具、壁灯、发光顶棚、高杆灯、草坪灯、空调灯具、投光灯等，按照出光口形式一般为开敞式、带透明保护罩、带磨砂与棱镜保护罩、格栅式等。

（1）灯具的灯头及接线应符合下列规定：

1）灯头绝缘外壳不应有破损或裂纹缺陷：带开关的灯头，开关主柄不应有裸露的金属部分；

2）连接吊灯灯头的软线应做保护扣，两端芯线应搪锡压线，当采取螺口灯头时，相线应接于灯头中间触点的端子上。

（2）成套灯具的带电部分对地绝缘电阻值不应小于2MΩ。

（3）引向单个灯具的电线线芯截面积应与灯具功率相匹配，电线线芯最小允许截面积不应小于1mm^2。

（4）灯具表面及其附件等高温部位靠近可燃物时，应采取隔热、散热等防火保护措施。以卤钨灯或额定功率大于等于100W的白炽灯泡为光源时，其吸顶灯、槽灯、嵌入灯应采用瓷质灯头，引入线应采用瓷管、矿棉等不燃材料做隔热保护。

（5）变电所内，高低压配电设备及裸母线的正上方不应安装灯具，灯具与裸母线的水平净距不应小于1m。

（6）当设计无要求时，室外墙上安装的灯具，灯具底部距地面的高度不应小于2.5m。

（7）安装在公共场所的大型灯具的玻璃罩，应有防止玻璃罩坠落或碎裂后向下溅落伤人的措施。

（8）聚光灯和类似灯具出光口面与被照物体的最短距离应符合产品技术文件要求。

（9）卫生间照明灯具不宜安装在便器或浴缸正上方。

（10）当镇流器、触发器、应急电源等灯具附件与灯具分离安装时，应固定可靠，在顶棚内安装时，不得直接固定在顶棚上，灯具附件与灯具本体之间的连接电线应穿导管保护，电线不得外露。触发器至光源的线路长度不应超过产品的规定值。

（11）露天安装的灯具及其附件、紧固件、底座和与其相连的导管、接线盒等应有防腐蚀和防水措施。

（12）Ⅰ类灯具的不带电的外露可导电部分必须与保护接地线（PE）可靠连接，且应有标识。

（13）因特定条件而采用的非定型灯具在尚未由第三方检测其安全、光学及电气性能合格前，不应使用。

（14）成排安装的灯具中心线偏差不应大于5mm。

（15）大型花灯的固定及悬吊装置，应按灯具重量的2倍做过载试验。质量大于10kg的灯具，其固定装置应按5倍灯具重量的恒定均布载荷全数做强度试验，历时15min，固定装置的部件应无明显变形。

（16）带有自动通、断电源控制装置的灯具，动作应准确、可靠。

2．知识点——常用灯具的安装

（1）悬吊式灯具的安装

悬吊式灯具安装应符合下列规定：

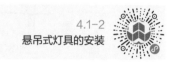

①升降器的软线吊灯在吊线展开后，灯具下沿应高于工作台面0.3m；

②质量大于0.5kg的软线吊灯，灯具的电源线不应受力，应增设吊链（绳）；

③质量大于3kg的悬吊灯具，应固定在吊钩上，吊钩的圆钢直径不应小于灯具挂销直径，且不应小于6mm；

④采用钢管做灯具吊杆时，钢管应有防腐措施，其内径不应小于10mm，壁厚不应小于1.5mm；

⑤灯具与固定装置及灯具连接件之间采用螺纹连接的，螺纹啮合扣数不应少于5扣。

悬吊式灯具安装根据吊灯体积和重量及安装场所分为在混凝土顶棚上安装和在吊顶上安装。

1）在混凝土顶棚上安装

要事先预埋铁件或置放穿透螺栓，还可以用胀管螺栓紧固，如图4.1-1所示。安装时要特别注意吊钩的承重力，按照国家标准规定，吊钩必须能挂超过灯具重量14倍的重物，只有这样，才能被确认是安全的。大型吊灯因体积大、灯体重，必须固定在建筑物的主体棚面上（或具有承重能力的构架上），不允许在轻钢龙骨吊棚上直接安装。采用胀管螺栓紧固时，胀管螺栓规格最小不宜小于M6，螺栓数量至少要2个，不能采用轻型自攻型胀管螺钉。

在楼板里预埋铁件时要注意几点：

①在混凝土未浇筑时，绑扎钢筋的同时，把预埋件按灯具的位置固定好，防止位移。

②在浇筑混凝土时，浇筑预埋件的部位不能移动，还要防止在振动混凝土时，预埋件产生位移。

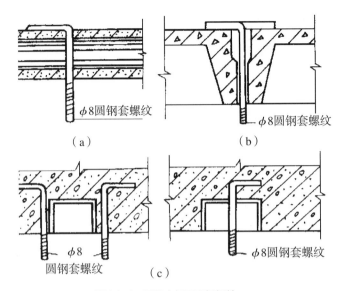

图4.1-1 混凝土板里预埋螺栓
（a）预制板吊挂螺栓；（b）楼板缝里放置螺栓；（c）现浇板里预埋螺栓

2）在吊棚上安装

小型吊灯在吊棚上安装时，必须在吊棚主龙骨上设灯具紧固装置。可将吊灯通过连接件悬挂在紧固装置上，其紧固装置与主龙骨上的连接应可靠，有时需要在支持点处对称加设与建筑物主体棚面间的吊杆，以抵消灯具加在吊棚上的重力，使吊棚不至于下沉、变形。其安装如图4.1-2所示，吊杆出顶棚面最好加套管，这样可以保证顶棚面板的完整，安装时一定要注意牢固性和保证可靠性。

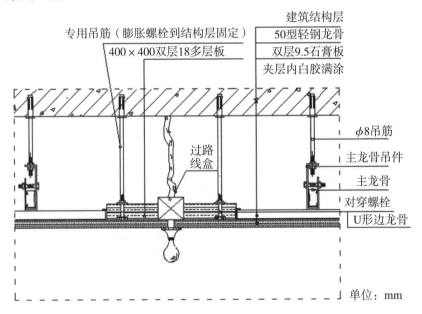

图4.1-2 悬吊式灯具在吊棚上安装

（2）吸顶灯的安装

4.1-3
吸顶灯的安装

1）吸顶灯在混凝土棚顶上安装

可以在浇筑混凝土前，根据图纸要求把木砖预埋在里面，也可以安装金属胀管螺栓，吸顶灯在混凝土棚顶上安装如图4.1-3所示。在安装灯具时，把灯具的底台用木螺钉安装在预埋木砖上，或者用紧固螺栓将底盘固定在混凝土棚顶的金属胀管螺栓上，吸顶灯再与底台、底盘固定。如果灯具底台直径超过100mm，往预埋木砖上固定时，必须用2个螺钉。圆形底盘吸顶灯紧固螺栓数量不得少于3个，方形或矩形底盘吸顶灯紧固螺栓不得少于4个。

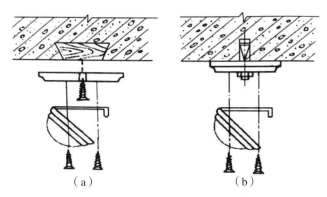

（a）　　　　　　　　　　（b）

图4.1-3　吸顶灯混凝土棚顶上安装

（a）预埋木砖；（b）胀管螺栓

2）吸顶灯在吊顶上安装

小型、轻体吸顶灯可以直接安装在吊顶棚上，但不得用吊顶棚的罩面板作为螺钉的紧固基面。安装时应在罩面板的上面加装木方，木方规格为60mm×40mm，木方要固定在吊棚的主龙骨上。安装灯具的紧固螺钉拧紧在木方上，安装情况如图4.1-4所示。较大型吸顶灯安装，原则是不让吊棚承受更大的重力。可以用吊杆将灯具底盘等附件装置悬吊固定在建筑物主体顶棚上，或者固定在吊棚的主龙骨上，也可以采用在轻钢龙骨上紧固灯具附件，而后将吸顶灯安装至吊顶棚上。

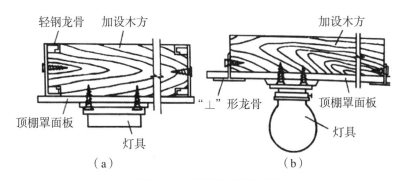

（a）　　　　　　　　　　（b）

图4.1-4　吸顶灯在吊顶上安装

（3）壁灯的安装

壁灯安装，先固定底台，然后再将灯具螺钉紧固在底台上。壁灯底台除正圆形以外，其他形状的底台几乎没有成品出售，大部分须根据台灯底座的形状在现场制作，制作底台的材料可用松木、锻木板材。板材厚度应不小于15mm，木底台必须刷饰面油漆，既增加美观，又可防止吸潮变形。

在墙面、柱面上安装壁灯，可以用灯位盒的安装螺孔旋螺钉来固定，也可在墙面上打孔置入金属或塑料胀管螺钉。壁灯底台固定螺钉一般不少于2个。体积小、重量轻、平衡性较好的壁灯可以用1个螺栓，采取挂式安装。在直径较小的柱子上安装时，也可在柱子上预埋金属构件或用抱箍将金属构件固定在柱子上，然后固定灯具。

壁灯安装高度一般为灯具中心距地面2.2m左右，床头壁灯以1.2~1.4m高度较适宜，壁灯安装如图4.1-5所示。

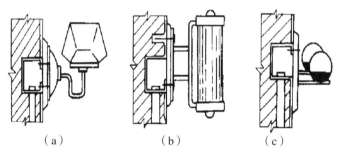

（a）　　　　　　　（b）　　　　　　　（c）

图4.1-5　壁灯安装

（a）利用灯位盒螺孔固定灯具；（b）用胀管螺钉固定灯具；（c）一个螺栓将灯具悬挂固定

（4）荧光灯的安装

①荧光灯电路的组成

荧光灯（日光灯）电路由三个主要部分组成：灯管、镇流器和启辉器，如图4.1-6所示。

②荧光灯的安装

荧光灯的安装工艺主要有两种。一种是吸顶式安装，另一种是吊链式安装。安装时应按电路图正确接线：开关应装在镇流器侧；镇流器、启辉器、电容器要相互匹配。特别是带有附加线圈的镇流器，接线不能接错，否则要损坏灯管。

1）吸顶荧光灯的安装

根据设计图确定出荧光灯的位置，将荧光灯贴紧建筑物表面，荧光灯的灯架应完全遮盖住灯头盒，对着灯头盒的

4.1-4
荧光灯的安装

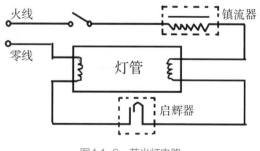

图4.1-6　荧光灯电路

位置打好进线，将电源线甩入灯架，在进线孔处应套上塑料管以保护导线。找好灯头盒螺孔的位置，在灯架的底板上用电钻打好孔，用机螺丝拧牢固，在灯架的另一端应使用胀管螺栓加以固定。如果荧光灯是安装在吊顶上的，应该将灯架固定在龙骨上。灯架固定好后，将电源线压入灯架内的端子板上。把灯具的反光板固定在灯架上，并将灯架调整顺直，最后把荧光灯管装好。如图4.1-7所示。

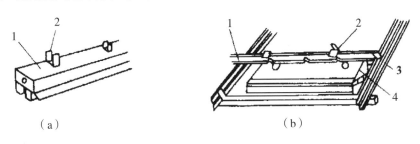

（a）　　　　　　　　　　　　　　　　　　　（b）

图4.1-7 吸顶荧光灯安装
（a）用方抱卡固定 1-荧光灯；2-方抱卡；
（b）用横担支架固定 1-龙骨连接卡；2-吊杆螺栓；3-轻钢龙骨；4-控制型荧光灯

2）吊链荧光灯的安装

在建筑物顶棚上安装好的塑料（木）台上，根据灯具的安装高度，将吊链编好挂在灯架挂钩上，并且将导线编叉在吊链内，并引入灯架，在灯架的进线孔处应套上软塑料管以保护导线，压入灯架内的端子板内。将灯具导线和灯头盒中甩出的导线连接，并用绝缘胶布分层包扎紧密，理顺接头扣于塑料（木）台上的法兰盘内，法兰盘（吊盒）的中心应与塑料（木）台的中心对正，用木螺钉将其拧牢。将灯具的反光板用机螺钉固定在灯架上，最后调整好灯脚，将灯管装好。

（5）高压水银灯

高压水银灯是玻壳内表面涂有荧光粉的高压汞蒸气放电灯，柔和的白色灯光，结构简单。低成本，低维修费用，可直接取代普通白炽灯，具有光效高，寿命长，省电经济的特点，适用于工业照明、仓库照明、街道照明、泛光照明、安全照明等。

1）高压水银灯的构造

高压水银灯的主要部件有灯头、石英放电管和玻璃外壳，玻璃外壳的内壁涂有荧光粉。石英放电管抽真空后，充有一定量的汞和少量的氩气。管内封装有钨制的主电极E_1、E_2和辅助电极E_3，见图4.1-8。工作时管内的压力可升高至0.2～0.6MPa，因此称高压水银灯。

2）高压水银灯的安装

高压水银灯应垂直安装。因为水平安装时，光通量减少约70%，而且容易自熄灭。镇流器应安装在灯具附近人体接触不到的地方，并应在镇流器上覆盖保护物。高压水银灯功率在125W以下应配用E29型瓷质灯座，功率在175W及以上应配用E40型瓷质灯座。外镇流型高压水银灯安装时，一定要使镇流器与灯泡相匹配，否则会烧坏灯泡。

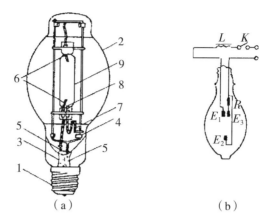

图4.1-8　高压水银灯的构造及工作电路图

（a）高压水银灯的结构；（b）高压水银灯工作电路图

1-灯头；2-玻璃壳；3-抽气管；4-支架；5-导线；6-主电极E_1、E_2；7-启动电阻；
8-辅助电极E_3；9-石英放电管

（6）碘钨灯的安装

碘钨灯的安装，必须保持水平位置，一般倾角不得大于±4°。否则会严重影响灯管寿命，因为倾斜时，灯管底部将积聚较多的卤素和碘化钨，使引线腐蚀损坏，灯管的上部则由于缺少卤素，而不能维持正常的碘钨循环，使玻璃壳很快发黑、灯丝烧断。碘钨灯正常工作时，管壁温度约为600℃，所以安装时不能与易燃物接近，且一定要加灯罩。在使用前，应用酒精擦去灯管外壁油污，否则会在高温下形成污点而降低亮度。另外，碘钨灯的耐振性能差，不能用在振动较大的场所，更不宜作为移动光源使用。当碘钨灯功率在1000W以上时，则应使用胶盖瓷底刀开关进行控制。碘钨灯安装要求如图4.1-9所示。

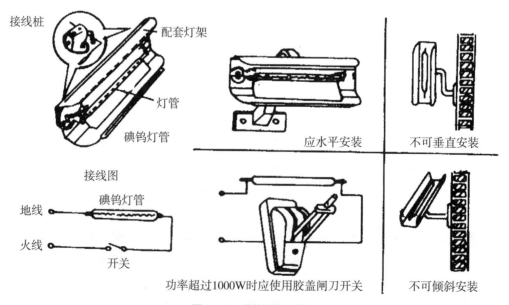

图4.1-9　碘钨灯的安装要求

3．知识点——专用灯具的安装

（1）应急照明灯具安装。

1）应急照明灯具必须采用经消防检测中心检测合格的产品；

2）安全出口标志灯应设置在疏散方向的里侧上方，灯具底边宜在门框（套）上方0.2m。地面上的疏散指示标志灯，应有防止被重物或外力损坏的措施。当厅室面积较大，疏散指示标志灯无法装设在墙面上时，宜装设在顶棚下，且距地面高度不宜大于2.5m；

3）疏散照明灯投入使用后，应检查灯具始终处于点亮状态；

4）应急照明灯回路的设置除符合设计要求外，尚应符合防火分区设置的要求；

5）应急照明灯具安装完毕，应检验灯具电源转换时间，其值为：备用照明不应大于5s，金融商业交易场所不应大于1.5s，疏散照明不应大于5s，安全照明不应大于0.25s。应急照明最少持续供电时间应符合设计要求。

疏散指示标志灯设置原则示意图，如图4.1-10所示。

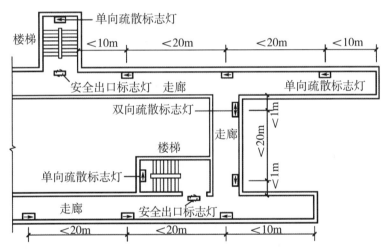

图4.1-10　疏散指示标志灯设置原则示意图

（2）霓虹灯的安装。

1）灯管应完好，无破裂；

2）灯管应采用专用的绝缘支架固定，固定应牢固可靠。固定后的灯管与建筑物、构筑物表面的距离不应小于20mm；

3）霓虹灯灯管长度不应超过允许最大长度。专用变压器在顶棚内安装时，应固定可靠，有防火措施，并不宜被非检修人员触及，在室外安装时，应有防雨措施；

4）霓虹灯专用变压器的二次侧电线和灯管间的连接线应采用额定电压不低于15kV的高压绝缘电线。二次侧电线与建筑物、构筑物表面的距离不应小于20mm；

5）霓虹灯托架及其附着基面应用难燃或不燃材料制作，固定可靠。室外安装时，应耐风压，安装牢固。

（3）建筑物景观照明灯具安装。

1）在人行道等人员来往密集场所安装的灯具，无围栏防护时灯具底部距地面高度应在2.5m以上；

2）灯具及其金属构架和金属保护管与保护接地线（PE）应连接可靠，且有标识；

3）灯具的节能分级应符合设计要求。

（4）航空障碍标志灯安装。

1）灯具安装牢固可靠，且应设置维修和更换光源的设施；

2）灯具安装在屋面接闪器保护范围外时，应设置避雷小针，并与屋面接闪器可靠连接；

3）当灯具在烟囱顶上安装时，应安装在低于烟囱口1.5～3m的部位，且呈正三角形水平布置。

（5）手术台无影灯安装。

1）固定灯座的螺栓数量不应少于灯具法兰底座上的固定孔数，螺栓直径应与孔径匹配，螺栓应采用双螺母锁紧；

2）固定无影灯基座的金属构架应与楼板内的预埋件焊接连接，不应采用膨胀螺栓固定；

3）开关至灯具的电线应采用额定电压不低于450V/750V的铜芯多股绝缘电线。

（6）紫外线杀菌灯的安装位置不得随意变更，其控制开关应有明显标识，且与普通照明开关位置分开设置。

（7）游泳池和类似场所用灯具，安装前应检查其防护等级。自电源引入灯具的导管必须采用绝缘导管，严禁采用金属或有金属护层的导管。

（8）建筑物彩灯安装。

1）当建筑物彩灯采用防雨专用灯具时，其灯罩应拧紧，灯具应有泄水孔；

2）建筑物彩灯宜采用LED等节能新型光源，不应采用白炽灯泡；

3）彩灯配管应为热浸镀锌钢管，按明配敷设，并采用配套的防水接线盒，其密封应完好，管路、管盒间采用螺纹连接，连接处的两端用专用接地卡固定跨接接地线，跨接接地线采用绿/黄双色铜芯软电线，截面积不应小于4mm^2；

4）彩灯的金属导管、金属支架、钢索等应与保护接地线（PE）连接可靠。

（9）太阳能灯具安装。

1）灯具表面应平整光洁，色泽均匀，产品无明显的裂纹、划痕、缺损、锈蚀及变形，表面漆膜不应有明显的流挂、起泡、橘皮、针孔、咬底、渗色和杂质等缺陷；

2）灯具内部短路保护、负载过载保护、反向放电保护、极性反接保护功能应齐全、正确；

3）太阳能灯具应安装在光照充足、无遮挡的地方，应避免靠近热源；

4）太阳能电池组件应根据安装地区的纬度，调整电池板的朝向和仰角，使受光时间最长。迎光面上无遮挡物阴影，上方不应有直射光源。电池组件与支架连接时应牢固可靠，组件的输出线不应裸露，并用扎带绑扎固定；

5）蓄电池在运输、安装过程中不得倒置，不得放置在潮湿处，且不应暴晒于太阳光下；

6）系统接线顺序应为蓄电池—电池板—负载，系统拆卸顺序应为负载—电池板—蓄电池；

7）灯具与基础固定可靠，地脚螺栓应有防松措施，灯具接线盒盖的防水密封垫应完整。

（10）洁净场所灯具安装。

1）灯具安装时，灯具与顶棚之间的间隙应用密封胶条和衬垫密封。密封胶条和衬垫应平整，不得扭曲、折叠；

2）灯具安装完毕后，应清除灯具表面的灰尘。

（11）防爆灯具安装。

1）检查灯具的防爆标志、外壳防护等级和温度组别应与爆炸危险环境相适配；

2）灯具的外壳应完整，无损伤、凹陷变形，灯罩无裂纹，金属护网无扭曲变形，防爆标志清晰；

3）灯具的紧固螺栓应无松动、锈蚀现象，密封垫圈完好；

4）灯具附件应齐全，不得使用非防爆零件代替防爆灯具配件；

5）灯具的安装位置应离开释放源，且不得在各种管道的泄压口及排放口上方或下方；

6）导管与防爆灯具、接线盒之间连接应紧密，密封完好，螺纹啮合扣数应不少于5扣，并应在螺纹上涂以电力复合脂或导电性防锈脂；

7）防爆弯管工矿灯应在弯管处用镀锌链条或型钢拉杆加固。

4.1.4 问题思考

1．填空题

（1）软线吊灯灯具质量在_____kg以下时，采用软线自身吊装。

（2）卤钨灯及额定功率_____以上的白炽灯泡的吸顶灯的引入线应采用瓷管、石棉、玻璃丝等不燃烧材料做隔热保护。

（3）壁灯距地的高度一般为_____。

（4）荧光灯（日光灯）的安装有_____和_____两种方式。

2．判断题

（1）质量大于10kg的灯具，其固定装置应按5倍灯具重量的恒定均布载荷全数做强度试验，历时15min，固定装置的部件应无明显变形。

（2）灯具质量超过2kg应预埋吊钩，安装高度小于2.4m时，其灯具金属外壳要求接零保护。

（3）高压水银灯一般为水平安装，碘钨灯应垂直安装。

3.单选题

（1）室外照明灯具安装高度无特殊要求时，不应小于＿＿＿＿＿m。

A．2.5　　　　　B．3.0　　　　　C．4.5　　　　　D．5.0

（2）安装灯具，当灯具质量超过＿＿＿＿＿时，就需要用吊链或钢管来悬挂灯具。

A．1.5kg　　　　B．2.0kg　　　　C．2.5kg　　　　D．3.0kg

（3）由于高压汞灯＿＿＿＿＿，故称"高压"。

A．点燃前灯管内气压高　　　　　B．点燃后灯管内气压高

C．点燃后灯管两端电压高　　　　D．需要接入高压电路工作

4.问答题

（1）简述灯具的类型。

（2）简述应急照明灯具安装规定。

任务 4.2
配电箱的安装

4.2.1 教学目标与思路

【教学目标】

知识目标	能力目标	素养目标	思政要素
1. 掌握照明配电箱安装要求； 2. 熟悉照明配电箱各种安装方法。	能安装照明配电箱。	1. 具有良好倾听的能力，能有效地获得各种资讯； 2. 能正确表达自己思想，学会理解和分析问题。	1. 培养按计划工作的工作态度； 2. 树立以人为本，预防为主，安全第一的思想。

【学习任务】学会照明配电箱的安装。

【建议学时】2学时

【思维导图】

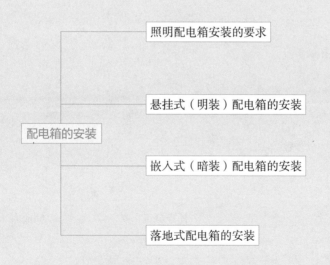

4.2.2 学生任务单

任务名称		配电箱的安装	
学生姓名		班级学号	
同组成员			
负责任务			
完成日期		完成效果	
		教师评价	

学习任务	1. 掌握照明配电箱安装要求; 2. 熟悉照明配电箱各种安装方法。			
自学简述	课前预习	学习内容、浏览资源、查阅资料		
	拓展学习	任务以外的学习内容		
任务研究	完成步骤	用流程图表达		
	任务分工	任务分工	完成人	完成时间

本人任务	
角色扮演	
岗位职责	
提交成果	

任务实施	完成步骤	第1步	
		第2步	
		第3步	
		第4步	
		第5步	
	问题求助		
	难点解决		
	重点记录	完成任务过程中，用到的基本知识、公式、规范、方法和工具等	成果提交
学习反思	不足之处		
	待解问题		
	课后学习		

过程评价	自我评价（5分）	课前学习	时间观念	实施方法	知识技能	成果质量	分值
	小组评价（5分）	任务承担	时间观念	团队合作	知识技能	成果质量	分值

4.2.3 知识与技能

1．知识点——照明配电箱安装的要求

照明配电箱有标准和非标准两种：标准配电箱可向生产厂家直接订购或在市场上直接购买，非标准配电箱可自行制作。照明配电箱的安装方式有悬挂式明装、嵌入式暗装和落地式安装。下面是配电箱安装的要求：

（1）照明配电箱（板）内的交流、直流或不同电压等级的电源，应具有明显的标识。

（2）照明配电箱（板）不应采用可燃材料制作。

（3）照明配电箱（板）安装应符合下列规定：

1）位置正确，部件齐全，箱体开孔与导管管径适配，应一管一孔，不得用电、气焊割孔，暗装配电箱箱盖应紧贴墙面，箱（板）涂层应完整；

2）箱（板）内相线、中性线（N）、保护接地线（PE）的编号应齐全，正确，配线应整齐，无绞接现象，电线连接应紧密，不得损伤芯线和断股，多股电线应压接接线端子或搪锡，螺栓垫圈下两侧压的电线截面积应相同，同一端子上连接的电线不得多于2根；

3）电线进出箱（板）的线孔应光滑无毛刺，并有绝缘保护套；

4）箱（板）内分别设置中性线（N）和保护接地线（PE）的汇流排，汇流排端子孔径大小、端子数量应与电线线径、电线根数适配；

5）箱（板）内剩余电流动作保护装置应经测试合格，箱（板）内装设的螺旋熔断器，其电源线应接在中间触点的端子上，负荷线接在螺纹的端子上；

6）箱（板）安装应牢固，垂直度偏差不应大于1.5‰。照明配电板底边距楼地面高度不应小于1.8m，当设计无要求时，照明配电箱安装高度宜符合表4.2-1的规定；

7）照明配电箱（板）不带电的外露可导电部分应与保护接地线（PE）连接可靠，装有电器的可开启门，应用裸铜编织软线与箱体内接地的金属部分做可靠连接；

8）应急照明箱应有明显标识。

（4）建筑智能化控制或信号线路引入照明配电箱时应减少与交流供电线路和其他系统的线路交叉，且不得并排敷设或共用同一管槽。

照明配电箱安装高度   表4.2-1

配电箱高度（mm）	配电箱底边距楼地面高度（m）
600 以下	1.3 ~ 1.5
600 ~ 800	1.2
800 ~ 1000	1.0
1000 ~ 1200	0.8
1200 以上	落地安装，潮湿场所箱柜下应设200mm高的基础

2．知识点——悬挂式（明装）配电箱的安装

悬挂式配电箱可安装在墙上或柱子上。直接安装在墙上时，应先埋设固定螺栓，固定螺栓的规格和间距应根据配电箱的型号和重量以及安装尺寸决定。螺栓长度应为埋设深度（一般为120～150mm）加箱壁厚度以及和垫圈的厚度，再加上3～5扣螺纹的余量长度。悬挂式配电箱安装见图4.2-1。

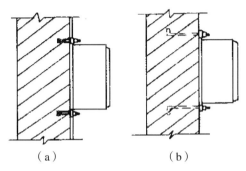

图4.2-1 悬挂式配电箱安装
（a）墙上胀管螺栓安装；（b）墙上螺栓安装

施工时，先量好配电箱安装孔的尺寸，在墙上画好孔位，然后打洞，埋设螺栓（或用金属膨胀螺栓）。待填充的混凝土牢固后，即可安装配电箱。安装配电箱时，要用水平尺放在箱顶上，测量箱体是否水平。如果不平，可调整配电箱的位置以达到要求，同时在箱体的侧面用磁力吊线坠，测量配电箱上下端与吊线的距离，如果相等，说明配电箱装得垂直，否则应查明原因，并进行调整。配电箱安装在支架上时，应先将支架加工好，然后将支架埋设固定在墙上，或用抱箍固定在柱子上，再用螺栓将配电箱安装在支架上，并进行水平和垂直调整。图4.2-2为配电箱在支架上固定示意图。应注意加工支架时，下料和钻孔严禁使用气割，支架焊接应平整，不能歪斜，并应除锈露出金属光泽，而后刷樟丹漆一道，灰色油漆两道。

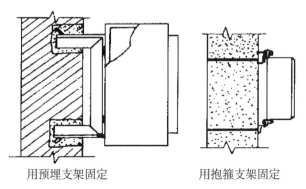

用预埋支架固定　　　　　用抱箍支架固定

图4.2-2 支架固定配电箱

3. 知识点——嵌入式（暗装）配电箱的安装

嵌入式暗装配电箱的安装，通常是按设计指定的
位置，在土建砌墙时先把配电箱底预埋在墙内。预埋
前应将箱体与墙体接触部分刷防腐漆，按需要砸下敲落孔压片，有贴脸的配电箱，把贴
脸卸掉。一般当主体工程砌至安装高度时，就可以预埋配电箱，配电箱应加钢筋过梁，
避免安装后变形，配电箱底应保持水平和垂直，应根据箱体的结构形式和墙面装饰厚度
来确定突出墙体的尺寸。预埋时应做好线管与箱体的连接固定，箱内配电盘安装前，应
先清除杂物，补齐护帽，零线要经零线端子连接。配电盘安装后，应做好接地线。当墙
壁的厚度不能满足嵌入式要求时，可采用半嵌入式安装，使配电箱的箱体一半在墙面
外，一半嵌入墙内，其安装方法与嵌入式相同。

4. 知识点——落地式配电箱的安装

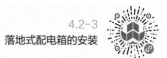

配电箱落地安装时，在安装前先要预制一个高出
地面一定高度的混凝土空心台，如图4.2-3所示。这样
可使进出线方便，不易进水，保证运行安全。进入配电箱的钢管应排列整齐，管口高出
基础面50～80mm。

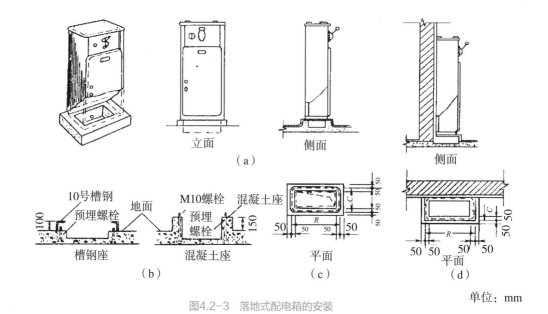

图4.2-3 落地式配电箱的安装

单位：mm

4.2.4 问题思考

1. 填空题

（1）照明配电箱的安装方式有_____、_____和_____。

（2）箱（板）安装应牢固，垂直度偏差不应大于_____。

2．判断题

建筑智能化控制或信号线路引入照明配电箱时可与交流供电线路并排敷设或共用同一管槽。

3．单选题

（1）不能用_____制作配电箱。

A．木板 　　　　B．铁板 　　　　C．绝缘材料

（2）进入落地式配电箱的电线保护管，管口宜高出配电箱基础面_____。

A．30mm 　　　B．40～60mm 　　　C．50～80mm 　　　D．1.5m以上

4.2.5 知识拓展

4.2-4 网络机柜技术要求及分类	4.2-5 电源箱安全操作规程	4.2-6 电源箱规格型号	4.2-7 电源箱配线施工

✖ 任务 4.3
插座、开关和风扇安装

4.3.1 教学目标与思路

【教学目标】

知识目标	能力目标	素养目标	思政要素
熟悉开关、插座和风扇的安装方法。	能安装开关、插座和风扇。	1. 具有良好倾听的能力，能有效地获得各种资讯； 2. 能正确表达自己思想，学会理解和分析问题。	1. 培养按计划工作的工作态度； 2. 树立以人为本，预防为主，安全第一的思想。

【学习任务】会安装开关、插座和风扇。

【建议学时】2学时

【思维导图】

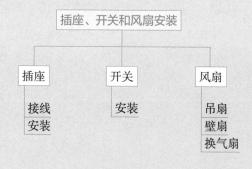

4.3.2 学生任务单

任务名称	插座、开关和风扇安装	
学生姓名	班级学号	
同组成员		
负责任务		
完成日期	完成效果	
	教师评价	

学习任务	熟悉开关、插座和风扇的安装方法。	
自学简述	课前预习	学习内容、浏览资源、查阅资料
	拓展学习	任务以外的学习内容
任务研究	完成步骤	用流程图表达

任务分工	完成人	完成时间

(任务研究 — 任务分工)

	本人任务	
	角色扮演	
	岗位职责	
	提交成果	

任务实施	完成步骤	第1步	
		第2步	
		第3步	
		第4步	
		第5步	
	问题求助		
	难点解决		
	重点记录	完成任务过程中，用到的基本知识、公式、规范、方法和工具等	成果提交

学习反思	不足之处	
	待解问题	
	课后学习	

过程评价	自我评价（5分）	课前学习	时间观念	实施方法	知识技能	成果质量	分值
	小组评价（5分）	任务承担	时间观念	团队合作	知识技能	成果质量	分值

4.3.3　知识与技能

1．知识点——插座安装

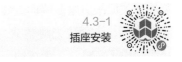

当交流、直流或不同电压等级的插座安装在同一
场所时，应有明显的区别，且必须选择不同结构、不
同规格和不能互换的插座，配套的插头应按交流、直流或不同电压等级区别使用。

（1）插座的接线应符合下列规定：

1）单相两孔插座，面对插座，右孔或上孔应与
相线连接，左孔或下孔应与中性线连接，单相三孔插
座，面对插座，右孔应与相线连接，左孔应与中性线
连接；

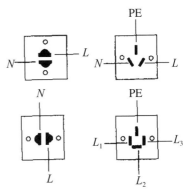

2）单相三孔、三相四孔及三相五孔插座的保护
接地线（PE）必须接在上孔。插座的保护接地端子不
应与中性线端子连接。同一场所的三相插座，接线的
相序应一致，如图4.3-1所示；

图4.3-1　插座插孔排列顺序图

3）保护接地线（PE）在插座间不得串联连接；

4）相线与中性线不得利用插座本体的接线端子转接供电。

（2）插座的安装应符合下列规定：

1）当住宅、幼儿园及小学等儿童活动场所电源插座底边距地面高度低于1.8m时，
必须选用安全型插座；

2）当设计无要求时，插座底边距地面高度不宜小于0.3m，无障碍场所插座底边距
地面高度宜为0.4m，其中厨房、卫生间插座底边距地面高度宜为0.7～0.8m，老年人专
用的生活场所插座底边距地面高度宜为0.7～0.8m；

3）暗装的插座面板紧贴墙面或装饰面，四周无缝隙，安装牢固，表面光滑整洁、
无碎裂、划伤，装饰帽（板）齐全，接线盒应安装到位，接线盒内干净整洁，无锈蚀。
暗装在装饰面上的插座，电线不得裸露在装饰层内；

4）地面插座应紧贴地面，盖板固定牢固，密封良好。地面插座应用配套接线盒。
插座接线盒内应干净整洁，无锈蚀；

5）同一室内相同标高的插座高度差不宜大于5mm，并列安装相同型号的插座高度
差不宜大于1mm；

6）应急电源插座应有标识；

7）当设计无要求时，有触电危险的家用电器和频繁插拔的电源插座，宜选用能断
开电源的带开关的插座，开关断开相线。插座回路应设置剩余电流动作保护装置，每一
回路插座数量不宜超过10个，用于计算机电源的插座数量不宜超过5个（组），并应采
用A型剩余电流动作保护装置。潮湿场所应采用防溅型插座，安装高度不应低于1.5m。

2. 知识点——开关安装

开关根据安装形式分为明装式和暗装式两种。暗装的开关面板应紧贴墙面或装饰面，四周应无缝隙，安装应牢固，表面应光滑整洁、无碎裂、划伤，装饰帽（板）齐全，接线盒应安装到位，接线盒内干净整洁，无锈蚀。安装在装饰面上的开关，其电线不得裸露在装饰层内。

暗装时先将开关盒按图纸要求位置埋在墙内。埋设时，可用水泥砂浆填充，但应注意埋设平整、盒口面应与墙的粉刷层平面一致。开关是和面板连成一体的，所以穿好导线之后，应先接线再安装面板。

安装开关面板时应注意方向和指示。当面板上有指示灯时，指示灯应在上面，面板上有产品标记或跷板上有英文字母的不能装反，跷板上部顶端有压制条纹或红色标志的应朝上安装。

同一建筑物、构筑物内，开关的通断位置应一致，操作灵活，接触可靠。同一室内安装的开关控制有序不错位，相线应经开关控制。

开关的安装位置应便于操作，同一建筑物内开关边缘距门框（套）的距离宜为0.15～0.2m。在易燃、易爆场所，开关一般应装在其他场所，或用防爆型开关。

同一室内相同规格相同标高的开关高度差不宜大于5mm，并列安装相同规格的开关高度差不宜大于1mm，并列安装不同规格的开关宜底边平齐，并列安装的拉线开关相邻间距不小于20mm。

当设计无要求时，开关安装高度应符合下列规定：

（1）开关面板底边距地面高度宜为1.3～1.4m；

（2）拉线开关底边距地面高度宜为2～3m，距顶板不小于0.1m，且拉线出口应垂直向下；

（3）无障碍场所开关底边距地面高度为0.9～1.1m；

（4）老年人生活场所开关宜选用宽板按键开关，开关底边距地面高度宜为1.0～1.2m。

3. 知识点——风扇安装

吊扇安装需在土建施工中预埋吊钩，吊钩的选择和安装很重要。电扇坠落往往是由于吊钩选择不当或安装不牢造成的。

（1）吊扇安装应符合下列规定：

1）吊扇挂钩应安装牢固，挂钩的直径不应小于吊扇挂销的直径，且不应小于8mm；挂钩销钉应设防振橡胶垫；销钉的防松装置应齐全可靠；

2）吊扇扇叶距地面高度不应小于2.5m；

3）吊扇组装严禁改变扇叶角度，扇叶固定螺栓防松装置应齐全；

4）吊扇应接线正确，不带电的外露可导电部分保护接地应可靠。运转时扇叶不应有明显颤动；

5）吊扇涂层应完整，表面无划痕，吊杆上下扣碗安装应牢固到位；

6）同一室内并列安装的吊扇开关安装高度应一致，控制有序不错位。

（2）壁扇安装应符合下列规定：

1）壁扇底座应采用膨胀螺栓固定，膨胀螺栓的数量不应少于3个，且直径不应小于8mm。底座固定应牢固可靠；

2）壁扇防护罩应扣紧，固定可靠，运转时扇叶和防护罩均应无明显颤动和异常声响。壁扇不带电的外露可导电部分保护接地应可靠；

3）壁扇下侧边缘距地面高度不应小于1.8m；

4）壁扇涂层完整，表面无划痕，防护罩无变形。

（3）换气扇安装应符合下列规定：

换气扇安装应紧贴安装面，固定可靠。无专人管理场所的换气扇宜设置定时开关。

4.3.4　问题思考

1．填空题

（1）浴室喷淋头半径1m内设置插座时，插座安装高度应满足_____。

（2）公共建筑物一个插座回路的插座数量不应超过_____个。

（3）吊扇扇叶距地面高度不小于_____。

2．判断题

（1）儿童成群场所安装的插座，宜采用安全型插座，普通插座安装的离地高度不应低于1.8m。

（2）在易燃、易爆场等特别场所安装照明，应该采用封闭型、防爆型的灯具和开关。

（3）壁扇下侧边缘距地面高度不应小于1.5m。

3．单选题

（1）交流单相三孔插座，面对插座板，正确的接线是_____。

A．右孔接相线，左孔接零线，上孔接地线

B．右孔接零线，左孔接相线，上孔接地线

C．右孔接相线，左孔接地线，上孔接零线

D．右孔接零线，左孔接地线，上孔接相线

（2）下列插座的选择原则错误的是_____。

A．潮湿、多尘的场所或屋外装设的插座，应采用密封防水型插座

B．对各种不同电压等级的插座，其插孔形状应有所区别

C．在有爆炸危险的场所，应采用防爆型插座

D．所有插座均应为带专用地线的单相三孔插座

（3）灯具的_____必须经开关控制，不得直接引入灯具。

A．零线　　　　　B．相线　　　　　C．保护线

（4）灯具开关安装位置应便于操作，安装高度_____m。

A．1.0 B．1.2 C．1.5 D．1.3

（5）吊扇挂钩的直径不小于吊扇挂销直径，且不小于_____mm。

A．6 B．8 C．10 D．12

4．问答题

（1）简述插座的安装要求。

（2）简述开关的安装高度要求。

（3）简述吊扇的安装要求。

4.3.5 知识拓展

4.3-3 开关、插座分类	4.3-4 明装与暗装	4.3-5 信息插座安装要求

CHAPTER 5

项目 5
防雷及接地装置安装

✖ 任务 5.1
接地装置安装

5.1.1 教学目标与思路

【教学目标】

知识目标	能力目标	素养目标	思政要素
1. 熟悉接地体、接地线安装方法； 2. 掌握接地电阻测量与降阻的方法。	1. 能安装接地体、接地线； 2. 能使用接地电阻测试仪； 3. 能降低接地电阻。	1. 具有良好倾听的能力，能有效地获得各种资讯； 2. 能正确表达自己思想，学会理解和分析问题。	1. 培养按计划工作的工作态度； 2. 树立以人为本，预防为主，安全第一的思想。

【学习任务】学习各种接地装置的连接与安装，并对防雷接地系统进行接地电阻测量。

【建议学时】2学时

【思维导图】

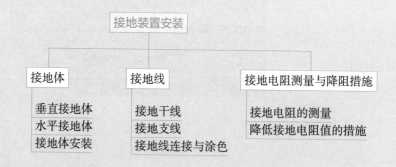

5.1.2 学生任务单

任务名称	接地装置安装	
学生姓名	班级学号	
同组成员		
负责任务		
完成日期	完成效果	
	教师评价	

学习任务	1. 掌握接地体、接地线安装方法； 2. 了解接地电阻测量与降阻的方法。			
自学简述	课前预习	学习内容、浏览资源、查阅资料		
	拓展学习	任务以外的学习内容		
任务研究	完成步骤	用流程图表达		
	任务分工	任务分工	完成人	完成时间

	本人任务	
	角色扮演	
	岗位职责	
	提交成果	

任务实施	完成步骤	第1步		
		第2步		
		第3步		
		第4步		
		第5步		
	问题求助			
	难点解决			
	重点记录	完成任务过程中，用到的基本知识、公式、规范、方法和工具等		成果提交
学习反思	不足之处			
	待解问题			
	课后学习			

过程评价	自我评价（5分）	课前学习	时间观念	实施方法	知识技能	成果质量	分值
	小组评价（5分）	任务承担	时间观念	团队合作	知识技能	成果质量	分值

5.1.3 知识与技能

1. 知识点——接地体

接地体是指埋入地下与土壤接触的金属导体，有
自然接地体和人工接地体两种。自然接地体是指兼作

接地用的直接与大地接触的各种金属管道（输送易燃、易爆气体或液体的管道除外）、
金属构件、金属井管、钢筋混凝土基础等。人工接地体是指人为埋入地下的金属导体，
可分为水平接地体和垂直接地体。接地装置的导体截面积，应符合热稳定和机械强度的
要求，且不应小于表5.1–1所列规格。

钢接地体和接地线的最小规格　　　　　　　　表5.1–1

种类、规格及单位		地上		地下
		室内	室外	
圆钢直径（mm）		5	6	8（10）
扁钢	截面积（mm²）	24	48	48
	厚度（mm）	3	4	4（6）
角钢厚度（mm）		2	2.5	4（6）
钢管管壁厚度（mm）		2.5	2.5	3.5（4.5）

注：1. 表中括号内的数值系指直流电力网中经常流过电流的接地线和接地体的最小规格。
　　2. 电力线路杆塔的接地体引出线的截面积不应小于50mm²，引出线应热镀锌。

（1）垂直接地体

垂直接地体一般采用镀锌角钢或钢管制作。
角钢厚度不小于4mm，钢管壁厚不小于3.5mm，
有效截面积不小于48mm²。所用材料不应有严重
锈蚀，弯曲的材料必须矫直后方可使用。一般用
∠50mm×50mm×5mm镀锌角钢或DN50镀锌钢
管制作。垂直接地体的长度一般为2.5m，其下端
加工成尖形。用角钢制作时，其尖端应在角钢的
角脊上，且两个斜边要对称，用钢管制作时要单
边斜削，如图5.1–1所示。

（2）水平接地体

水平接地体多采用ϕ16mm的镀锌圆钢或
40mm×4mm镀锌扁钢。常见的水平接地体有带
形、环形和放射形，如图5.1–2所示。埋设深度一
般在沟深0.6～1m之间，不能小于0.6m。

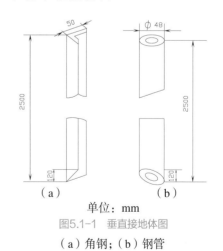

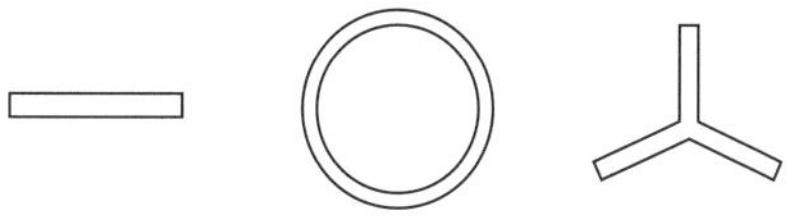

单位：mm
图5.1–1　垂直接地体图
（a）角钢；（b）钢管

带形　　　环形　　　放射形
图5.1–2　常见的水平接地体

带形接地体多为几根水平安装的圆钢或扁钢并联而成，埋设深度不小于0.6m，其根数及每根长度按设计要求。

环形接地体是用圆钢或扁钢焊接而成，水平埋设于地下0.7m以上。其直径大小按设计规定。

放射性接地体的放射根数一般为3根或4根，埋设深度不小于0.7m，每根长度按设计要求。

（3）接地体安装

装设接地体前，需沿设计图规定的接地网的线路先挖沟。由于地的表层容易冰冻，冰冻层会使接地电阻增大，且地表层容易被挖掘，会损坏接地装置，因此，接地装置需埋于地表层以下。当设计无要求时，接地装置顶面埋设深度不应小于0.6m，且应在冻土层以下。所以，挖沟时沟的深度一般在0.8～1m。

沟挖好后应尽快敷设接地体，按设计位置将接地体打入地下，当打到接地体露出沟底的长度约150～200m（沟深0.8～1m）时，停止打入。然后再打入相邻一根接地体，相邻接地体之间间距不小于其长度的2倍，人工接地体与建筑物的外墙或基础之间的水平距离不宜小于1m。接地体应与地面垂直。接地体间连接一般用镀锌扁钢，其规格和数量以及敷设位置应按设计图规定，扁钢与接地体用焊接方法连接（搭接焊，焊接长度符合规定）。扁钢应立放，这样既便于焊接，也可减小接地流散电阻。如图5.1-3所示。

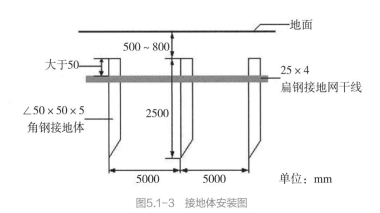

图5.1-3　接地体安装图

通常情况下，在一般土壤中采用角钢接地体，在坚实土壤中采用钢管接地体。为了防止将角钢或钢管打劈，可用圆钢加工一种护管帽套入钢管端部，或用一块短角钢（长度大约100mm）焊在接地角钢一端。

接地体连接好后，经过检查确认接地体的埋设深度、焊接质量等均已符合要求后，即可将沟填平。回填土内不应夹有石块和建筑垃圾等，外取的土壤不应有较强的腐蚀性，在回填土时应分层夯实，室外接地沟回填宜有100～300mm高度的防沉层。在山区石质地段或电阻率较高的土质区段的土沟中敷设接地极，回填不应少于100mm厚的净土垫层，并应用净土分层夯实回填。

2. 知识点——接地线

接地线是指电气设备需接地的部分与接地体之间连接的金属导线。它有自然接地线和人工接地线两种。自然接地线如建筑物的金属结构（金属梁、柱等）、生产用的金属结构（吊车轨道、配电装置的构架等）、配线的钢管、电力电缆的铅皮、不会引起燃烧、爆炸的所有金属管道。人工接地线一般都采用扁钢或圆钢制作。

选择自然接地体和自然接地线时，必须要保证导体全长有可靠的电气连接，以形成连续的导体。

图5.1-4是接地装置示意图。其中接地线分接地干线和接地支线。电气设备接地的部分就近通过接地支线与接地网的接地干线相连。

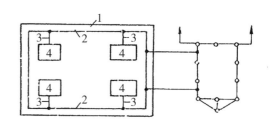

图5.1-4　接地装置示意图
1—接地体；2—接地干线；3—接地支线；
4—电气设备

（1）接地干线

接地干线的敷设分为室外和室内两种。一般采用圆钢或扁钢制作。采用圆钢时直径不小于6mm，采用扁钢时截面不小于4mm×12mm。

室外接地干线一般敷设在沟内，敷设前应按设计要求挖沟，然后埋入圆钢或扁钢。由于接地干线与接地支线不起接地散流作用，所以采用扁钢埋设时不一定要立放。接地干线与接地体采用焊接连接，末端应露出地面0.5m，以便接引地线，敷设完后即回填土夯实。

室内接地干线多为明敷，一般可敷设在墙上、母线架上或电缆的桥架上。安装应符合下列要求：

1）接地线的安装位置应合理，便于检查，不应妨碍设备检修和运行巡视。

2）接地线的连接应可靠，不应因加工造成接地线截面积减小、强度减弱或锈蚀等问题。

3）接地线支撑件间的距离，在水平直线部分宜为0.5~1.5m，垂直部分宜为1.5~3m，转弯部分宜为0.3~0.5m。

4）接地线应水平或垂直敷设，或可与建筑物倾斜结构平行敷设，在直线段上，不应有高低起伏及弯曲等现象。

5）接地线沿建筑物墙壁水平敷设时，离地面距离宜为250~300mm，接地线与建筑物墙壁的间隙宜为10~15mm。

6）在接地线跨越建筑物伸缩缝、沉降缝处时，应设置补偿器。补偿器可用接地线本身弯成弧状代替。

（2）接地支线

接地支线所采用的材料及在室外的敷设方法与接地干线相同。

室内与电气设备连接的接地支线多埋入混凝土中，一端接电气设备，一端接距离最近的接地干线。

接地支线安装时应注意，电气装置的接地必须单独与接地干线及接地网相连接，严禁在一条接地线中串联两个及两个以上需要接地的电气装置。接地支线与电气设备金属外壳、金属构架连接时，接地支线的两头焊接接线端子，并用镀锌螺钉压接。

明敷的接地支线在穿越墙壁或楼板时应穿管保护，固定敷设的接地支线需要加长时，连接必须牢固，用于移动设备的接地支线不允许有中间接头，接地支线的每一个连接处，都应置于明显处，以便检修。

（3）接地线连接与涂色

接地支线与接地干线采用焊接连接。焊接应采用搭接焊，除埋设在混凝土中的焊接接头外，应采取防腐措施，焊接搭接长度应符合下列规定：

1）扁钢与扁钢搭接不应小于扁钢宽度的2倍，且应至少三面施焊；

2）圆钢与圆钢搭接不应小于圆钢直径的6倍，且应双面施焊；

3）圆钢与扁钢搭接不应小于圆钢直径的6倍，且应双面施焊；

4）扁钢与钢管，扁钢与角钢焊接，应紧贴角钢外侧两面，或紧贴3/4钢管表面，上下两侧施焊。

接地装置安装完毕后，应对各部分进行检查，尤其是焊接处更要仔细检查焊接质量，对合格的焊缝应按规定在焊缝各面涂漆。

明敷接地线，在导体的全长度或区间段及每个连接部位附近的表面，应涂以15～100mm宽度相等的绿色和黄色相间的条纹标识。当使用胶带时，应使用双色胶带。中性线宜涂淡蓝色标识。

在接地线引向建筑物的入口处和在检修用临时接地点处，均应刷白色底漆并标以黑色标识，其代号为"⊥"。同一接地极不应出现两种不同的标识。

3．知识点——接地电阻测量与降阻措施

5.1-2
接地电阻测量

（1）接地电阻的测量

无论是工作接地还是保护接地，其接地电阻必须满足规定要求，否则就不能安全可靠地起到接地作用。

接地电阻是指接地体电阻、接地线电阻和土壤流散电阻三部分之和。其中主要是土壤流散电阻。接地电阻的数值等于接地装置对地电压与通过接地体流入地中电流的比值。测量接地电阻的方法较多，目前使用最多的是用接地电阻测量仪进行测量。

接地电阻测量仪俗称接地摇表，图5.1-5为ZC—8型接地电阻测量仪外形。它主要由手摇发电机、电流互感器、滑线电阻及零指示器等组成。全部机构都装在铝合金铸造的携带式外壳内。测量仪还有一个附件袋,装有接地探测针两支,导线3根,其中5m长一根用于接地极,20m长一根用于电位探测针,40m长一根用于电流探测针。

图5.1-5　ZC—8型接地电阻测量仪外形

这种仪表是根据电位计的工作原理而设计的,当发电机手柄以120r/min的速度转动时,便产生频率为110~115周/s的交流电源。在零指示器中采用由V和V_1、V_2等组成的相敏整流电路,用以避免工频的杂散电流干扰。在零指示器的电路中接入电容器C_1,可使其测试时不受土壤电解电流的影响。

测量时仪表的接线端钮C_2、P_2(或E)连接于接地极E',P_1、C_1(或P,C)连接于相应的接地探测针,即电位的P'和电流的C',如图5.1-6所示。

电流I_1从发电机流出经过电流互感器TA的一次线圈、接地极E'、大地和电流探测针C'而回到发电机。由电流互感器二次线圈产生的I_2接于电位器R_S。当由相敏整流电路和PA等组成的零指示器有指示时,应通过调节电位器R_S接触点B的位置,使其达到平衡。此时在C_2、P_2和P_1(或

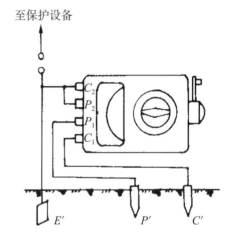

图5.1-6　接地电阻测量接线

E和P)之间的电位差与电位器R_S的O和B之间的电位差相等。于是V截止,由V_1和V_2组成的整流桥不开通,检流计PA因无电压输入而指零。

具体测量方法如下:

1)如图5.1-6所示,沿被测接地极E',使电位探测针P'和电流探测针C'依直线彼此相距20m,插入地中,且电位探测针P'要插于接地极E'和电流探测针C'之间。

2)用导线将E'、P'和C'分别接于仪表上相应的端钮E(P_2,C_2)、P(P_1)、C(C_1)上。

3)将仪表放置于水平位置,检查零指示器的指针是否指于中心线上,否则可用零位调整器将其调整指于中心线。

4)将"倍率标度"置于最大倍数,慢慢转动发电机的手柄,同时旋动"测量标度盘",使零指示器的指针指于中心线。当零指示器指针接近平衡时,加快发电机手柄的转速,使其达到120r/min以上,调整"测量标度盘",使指针指于中心线上。

5)如果"测量标度盘"的读数小于1时,应将"倍率标度"置于较小的倍数,再重

新调整"测量标度盘",以得到正确的读数。

6)当指针完全平衡在中心线上以后,用"测量标度盘"的读数乘以倍率标度,即为所测的接地电阻值。

使用接地电阻测量仪(接地摇表)时,应注意以下几个问题:

1)当"零指示器"的灵敏度过高时,可将电位探测针插入土壤中浅一些,若其灵敏度不够时,可沿电位探测针和电流探测针注水使其湿润。

2)测量时,接地线路要与被保护的设备断开,以便得到准确的测量数据。

3)当接地极E'和电流探测针C'之间的距离大于20m时,电位探测针P'的位置插在E'、C'之间的直线几米以外时,其测量时的误差可以不计,但E'、C'间的距离小于20m时,则应将电位探测针P'正确地插于$E'C'$直线中间。

4)当用0~1Ω/10Ω/100Ω规格的接地电阻测量仪测量小于1Ω的接地电阻时,应将C_2、P_2间的连接片打开,分别用导线连接到被测接地体上,以消除测量时连接导线电阻附加的误差。

(2)降低接地电阻的措施

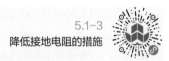

5.1-3
降低接地电阻的措施

流散电阻与土壤的电阻有直接关系。土壤电阻率愈低,流散电阻也就愈低,接地电阻就愈小。所以在遇到电阻率较高的土壤,如砂质、岩石以及长期冰冻的土壤,装设人工接地体,要达到设计所要求的接地电阻,往往要采取适当的措施。在高土壤电阻率地区,可采用下列措施降低接地电阻:

1)在接地网附近有较低电阻率的土壤时,可敷设引外接地网或向外延伸接地极。

2)当地下较深处的土壤电阻率较低,或地下水较为丰富、水位较高时,可采用深/斜井接地极或深水井接地极,地下岩石较多时,可考虑采用深孔爆破接地技术。

3)敷设水下接地网。水力发电厂等可在水库、上游围堰、施工导流隧洞、尾水渠、下游河道,或附近水源中的最低水位以下区域敷设人工接地极。

4)填充电阻率较低的物质。采用降阻剂时,降阻剂应为同一品牌的产品,调制降阻剂的水应无污染和杂物,降阻剂应均匀灌注于垂直接地体周围。

5.1.4 问题思考

1. 填空题

(1)接地装置由_____和_____组成。

(2)接地体分为_____接地体和_____接地体。

(3)垂直接地体的规格,安装符合设计要求,要求垂直接地体顶端距地表面的安装深度大于_____。

2．判断题

（1）接地体或接地极就是专门为接地而人为装设的接地体。

（2）垂直安装人工接地体，一般采用镀锌角钢、钢管或圆钢制作。

（3）电气设备外壳接地一般通过接地支线连接到接地干线，再通过接地干线连接到接地体。

3．单选题

（1）下列自然接地体_____不可利用做接地体。

A．金属井管 　　　　　　　　B．水工构筑物的金属管

C．埋设在地下可燃物质的金属管 　　D．建筑物的钢筋混凝土基础

（2）安装接地体时，每根接地体之间的距离按设计要求而定，一般不小于_____m。

A．5 　　　　　B．6 　　　　　C．8 　　　　　D．10

（3）安装垂直接地体时一般要先挖地沟，再采用打桩法将接地体打入地沟以下。接地体的有效深度不应小于（ 　　　）。

A．2m 　　　　B．3m 　　　　C．4m 　　　　D．5m

（4）接地体之间、接地线之间、接地体与接地线之间连接应采用（ 　　　）。

A．搭接焊连接 　　B．镀锌螺栓连接 　　C．螺栓连接

（5）ZC-8型接地电阻测试仪是根据（ 　　）的工作原理来设计。

A．发电机 　　　B．电流计 　　　C．电位计 　　　D．电阻仪

4．问答题

（1）简述接地干线明敷设的安装要求。

（2）降低接地装置的接地电阻方法有哪些？

5.1.5 知识拓展

5.1-4 防雷接地熔接施工	5.1-5 接地装置的安装

✖ 任务 5.2
防雷装置安装

5.2.1 教学目标与思路

【教学目标】

知识目标	能力目标	素养目标	思政要素
1. 了解雷电的不同形式以及对应不同类型的雷电避雷设备； 2. 熟悉引下线敷设方式； 3. 熟悉接闪器的安装方法； 4. 了解避雷器安装时的注意事项。	1. 能针对不同类型的雷电选择避雷方式； 2. 能敷设引下线； 3. 能安装接闪器。	1. 具有良好倾听的能力，能有效地获得各种资讯； 2. 能正确表达自己思想，学会理解和分析问题。	1. 培养按计划工作的工作态度； 2. 树立以人为本，预防为主，安全第一的思想。

【学习任务】对防雷装置的组成以及各装置安装方法有一个全面的了解。

【建议学时】4学时

【思维导图】

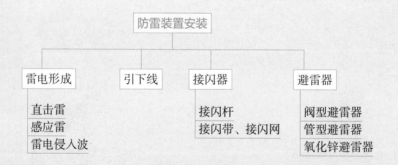

5.2.2 学生任务单

任务名称	防雷装置安装	
学生姓名	班级学号	
同组成员		
负责任务		
完成日期	完成效果	
	教师评价	

学习任务	1. 了解雷电的不同形式以及对应不同类型的雷电避雷设备; 2. 熟悉引下线敷设方式; 3. 熟悉接闪器的安装方法; 4. 了解避雷器安装时的注意事项。		
自学简述	课前预习	学习内容、浏览资源、查阅资料	
	拓展学习	任务以外的学习内容	
任务研究	完成步骤	用流程图表达	

任务研究	任务分工	任务分工	完成人	完成时间

	本人任务	
	角色扮演	
	岗位职责	
	提交成果	

任务实施	完成步骤	第1步		
		第2步		
		第3步		
		第4步		
		第5步		
	问题求助			
	难点解决			
	重点记录	完成任务过程中，用到的基本知识、公式、规范、方法和工具等		成果提交
学习反思	不足之处			
	待解问题			
	课后学习			

过程评价	自我评价（5分）	课前学习	时间观念	实施方法	知识技能	成果质量	分值
	小组评价（5分）	任务承担	时间观念	团队合作	知识技能	成果质量	分值

5.2.3　知识与技能

1．知识点——雷电形式

（1）直击雷

雷电直接击中建筑物或其他物体，对其放电，这种雷击称为直击雷。强大的雷电流通过这些物体入地，产生破坏性很大的热效应和机械效应，造成建筑物、电气设备及其他被击中的物体损坏。

防直击雷的主要措施是装设接闪杆、接闪带、接闪网、避雷线。这些设备又称接闪器，即在防雷装置中，用以接收雷云放电的金属导体。

（2）感应雷

由于雷电的静电感应和电磁感应引起的危险过电压，称之为感应雷。感应雷产生的感应过电压可高达数十万伏。

防止静电感应产生的高压，我们一般是在建筑物内，将金属设备、金属管道、结构钢筋予以接地，使感应电荷迅速入地，避免雷害。根据建筑物的不同屋顶，采取相应的防止静电感应措施，例如金属屋顶，将屋顶妥善接地，对于钢筋混凝土屋顶，将屋面钢筋焊成6~12m网格，连成通路，并予以接地，对于非金属屋顶，在屋顶上加装边长6~12m金属网格，并予接地。屋顶或屋顶上的金属网格的接地不得少于2处，其间距不得大于18~30m。

防止电磁感应引起的高电压，一般采取以下措施：对于平行金属管道相距不到100m时，每20~30m用金属线跨接，交叉金属管道不到100m时，也用金属线跨接，管道与金属设备或金属结构之间距离小于100m时，也用金属线跨接，在管道接头、弯头等连接部位也用金属线跨接，并可靠接地。

（3）雷电侵入波

由于输电线路上遭受雷击，高压雷电波便沿着输电线侵入变配电所或用户，击毁电气设备或造成人身伤害，这种现象称雷电波侵入。据统计资料，电力系统中由于雷电波侵入而造成的雷害事故占整个雷害事故近一半。因此，对雷电波侵入应予以相当重视，要采取措施，严加防护。避雷器就是防止雷电波侵入，造成雷害事故的重要电气设备。

避雷器用来防护雷电波的高电压沿线路侵入变、配电所或其他建筑物内，损坏被保护设备的绝缘。它与被保护设备并联。

当线路上出现危及设备绝缘的过电压时，避雷器就对地放电，从而保护了设备。

避雷器有：阀型避雷器、管型避雷器、氧化锌避雷器。

2．知识点——引下线

引下线一般采用圆钢或扁钢制作，优先采用圆钢。采用圆钢时其直径不应小于8mm，采用扁钢时其截面积不应小于48mm²，厚度不应小于4mm。当独立烟囱上的引下线采用圆钢时，其直径不应小于12mm，采用扁钢时其截面积不应小于100mm²，厚度不应小于4mm。

引下线、接闪线（带）、接闪杆的材料、结构和最小截面积应符合表5.2–1的规定。

引下线、接闪线（带）、接闪杆的材料、结构和最小截面积　　　表5.2–1

材料	结构	最小截面积（mm²）	备注
铜、镀锡铜	单根扁铜	50	厚度2mm
	单根圆铜	50	直径8mm
	铜绞线	50	每股线直径1.7mm
	单根圆铜	176	直径15mm
铝	单根扁铝	70	厚度3mm
	单根圆铝	50	直径8mm
	铝绞线	50	每股线直径1.7mm
铝合金	单根扁形导体	50	厚度2.5mm
	单根圆形导体	50	直径8mm
	绞线	50	每股线直径1.7mm
	单根圆形导体	176	直径15mm
	外表面镀铜的单根圆形导体	50	直径8mm，径向镀铜厚度至少70μm，铜纯度99.9%
热浸镀锌钢	单根扁钢	50	厚度2.5mm
	单根圆钢	50	直径8mm
	绞线	50	每股线直径1.7mm
	单根圆钢	176	直径15mm
不锈钢	单根扁钢	50	厚度2mm
	单根圆钢	50	直径8mm
	绞线	70	每股线直径1.7un
	单根圆钢	176	直径15mm
外表面镀铜的钢	单根圆钢（直径8mm）	50	镀铜厚度至少70μm，铜纯度99.9%
	单根扁钢（厚2.5mm）		

除利用混凝土构件钢筋或在混凝土内专设钢材做引下线外，钢质引下线应热镀锌。在腐蚀性较强的场所，尚应采取加大截面积或其他防腐措施。

引下线的敷设有明敷设和暗敷设。

明敷引下线安装应在建筑物外墙装饰工程完成后进行。施工时，先在外墙上预埋支持卡子，然后将引下线固定在支持卡子上，固定方法可为焊接、套环卡固定等。支持卡子间距如表5.2–2所示。专设引下线应沿建筑物外墙外表面明敷，并应经最短路径接地。

明敷接闪导体和引下线固定支架的间距　表5.2-2

布置方式	扁形导体和绞线固定支架的间距（mm）	单根圆形导体固定支架的间距（mm）
安装于水平面上的水平导体	500	1000
安装于垂直面上的水平导体	500	1000
安装于地面至高20m垂直面上的垂直导体	1000	1000
安装在高于20m垂直面上的垂直导体	500	1000

引下线的安装路径应短直，其紧固件及金属支持件均应镀锌。在易受机械损伤之处，地面上1.7m至地面下0.3m的一段接地线，应采用暗敷或采用镀锌角钢、改性塑料管或橡胶管等加以保护。引下线与平行布设的各类天线、馈线、信号线、控制线、电源线的间距不小于1.8m。专设引下线不应少于2根，并应沿建筑物四周和内庭院四周均匀对称布置，其间距沿周长计算不应大于25m。当建筑物的跨度较大，无法在跨距中间设引下线时，应在跨距两端设引下线并减小其他引下线的间距，专设引下线的平均间距不应大于25m。

建筑外观要求较高时可暗敷，但其圆钢直径不应小于10mm，扁钢截面积不应小于80mm²。建筑物的钢梁、钢柱、消防梯等金属构件，以及幕墙的金属立柱均可做引下线，但其各部件之间均应连成电气贯通，可采用铜锌合金焊、熔焊、卷边压接、缝接、螺钉或螺栓连接。先将圆钢或扁钢调直与接地体连接好，然后由下至上随墙体砌筑敷设至屋顶与屋顶上的接闪器连接。

采用多根专设引下线时，宜在各引下线距地面0.3～1.8m之间设断接卡子，以便于测量接地电阻。当利用混凝土内钢筋、钢柱做自然引下线并同时采用基础接地体时，可不设断接卡，但利用钢筋做引下线时应在室内外的适当地点设若干连接板。当仅利用钢筋做引下线并采用埋于土壤中的人工接地体时，应在每根引下线上距地面不低于0.3m处设接地体连接板。采用埋于土壤中的人工接地体时应设断接卡，其上端应与连接板或钢柱焊接。连接板处宜有明显标志。

3．知识点——接闪器

专门敷设的接闪器应由下列的一种或多种方式组成：

独立接闪杆。

架空接闪线或架空接闪网。

直接装设在建筑物上的接闪杆、接闪带或接闪网。

（1）接闪杆

接闪杆通常采用热镀锌圆钢或钢管制成，上部制成针尖形状，如图5.2-1所示。

5.2-1
接闪杆

其直径应符合下列规定：

1）杆长1m以下时，圆钢不应小于12mm，钢管不应小于20mm。

2）杆长1～2m时，圆钢不应小于16mm，钢管不应小于25mm。

3）独立烟囱顶上的杆，圆钢不应小于20mm，钢管不应小于40mm。

立杆

过渡接头

底座

图5.2-1 避雷针示意图

接闪杆较长时，针体可由针尖和不同管径的钢管段焊接而成。接闪杆的接闪端宜做成半球状，其最小弯曲半径宜为4.8mm，最大宜为12.7mm。当独立烟囱上采用热镀锌接闪环时，其圆钢直径不应小于12mm，扁钢截面积不应小于100mm²，其厚度不应小于4mm。

接闪杆一般安装在支柱（电杆）上或其他构架、建筑物上。接闪杆下端必须可靠地经引下线与接地体连接，可靠接地。接地电阻不大于10Ω。装设接闪杆的构架上不得架设低压线或通信线。

接闪杆的作用原理是它能对雷电场产生一个附加电场（这附加电场是由于雷云对接闪杆产生静电感应引起的），使雷电场发生畸变，将雷云放电的路径，由原来可能从被保护物通过的方向吸引到接闪杆本身，由它经引下线和接地体把雷电流泄放到大地中去，使被保护物免受直击雷击。所以实质上接闪杆是引雷针，它是把雷电流引来入地，从而保护了其他物体免受雷击。

接闪杆及其接地装置不能装设在人、畜经常通行的地方，应距道路3m以上，否则要采取保护措施。与其他接地装置和配电装置之间要保持规定距离：地面上不小于5m，地下不小于3m。不得利用安装在接收无线电视广播天线杆顶上的接闪器保护建筑物。

（2）接闪带、接闪网

接闪带、接闪网普遍用来保护建筑物免受直击雷和感应雷。

5.2-2
接闪带、接闪网

接闪带是沿建筑物易受雷击部位（如屋脊、屋檐、屋角等处）装设的带形导体。接闪网是将屋面上纵横敷设的接闪带组成的网格，网格大小按有关规范确定，对于防雷等级不同的建筑物，其要求不同。

接闪带一般采用镀锌圆钢或镀锌扁钢制成，采用圆钢时其直径不小于8mm，采用扁钢时其截面积不小于48mm²，厚度4mm。装设在烟囱顶端的避雷环，一般也采用镀锌圆钢或镀锌扁钢，圆钢直径不得小于12mm，扁钢截面积不得小于100mm²，厚度不得小于4mm。接闪带（网）距屋面一般100～150mm，支持支架间隔距离一般为1～1.5m。支架固定在墙上或预制混凝土支座上。预制混凝土支座如图5.2-2所示。

采用接闪带时，屋顶上任何一点距离接闪带不应大于10m。当有3m及以上平行接闪带时，每隔30～40m宜将平行的接闪带连接起来。屋顶上装设多支接闪杆时，两针间

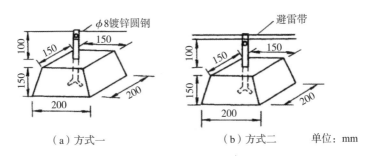

（a）方式一 （b）方式二 单位：mm

图5.2-2 预制混凝土支座

距离不宜大于30m。屋顶上单支接闪杆的保护范围可按60°保护角确定。

接闪带（网）在安装前，应先将圆钢或扁钢调直。在转角处应随建筑造型弯曲，一般不宜小于90°，弯曲半径不宜小于圆钢直径的10倍或扁钢宽度的6倍，绝对不能弯成直角。

4. 知识点——避雷器

避雷器是用于保护电气设备免受高瞬态过电压危害并限制续流时间也常限制续流幅值的一种电器。避雷器有时也称为过电压保护器，过电压限制器。避雷器是通信线缆防止雷电损坏时经常采用的另一种重要的设备。下面介绍避雷器的相关知识。

（1）阀型避雷器

阀型避雷器由火花间隙和阀电阻片组成，装在密封的管套管内。火花间隙一般采用多个单位间隙串联而成，阀电阻片是非线性电阻，加在上面的电压愈高其电阻值愈小，加在上面的电压低时，其电阻值很大，一般用金刚砂（碳化硅）颗粒和结合剂制成。

正常情况下，火花间隙阻止线路工频电流通过，但在线路上出现高电压雷电波时，火花间隙就被击穿，阀电阻片在高电压作用下电阻值变得很小，这样雷电流便通畅地向大地泄放，保护了被保护设备不被击坏。当过电压一早消失，线路上恢复工频电压时，阀电阻片已呈现很大的电阻，火花间隙绝缘也迅速恢复，恢复正常运行。

阀型避雷器安装应注意：

1）安装前应检查其型号规格是否与设计相符；瓷件应无裂纹、破损；瓷套与铁法兰间的结合应良好；组合元件应经试验合格，底座和拉紧绝缘子的绝缘应良好。（FS型避雷器绝缘电阻应大于2500MΩ）。

2）阀型避雷器应垂直安装，每个元件的中心线与避雷器安装点中心线的垂直偏差不应大于该元件高度的1.5%，如有歪斜，可在法兰间加金属片校正，但应保证其导电良好，并把缝隙垫平后涂以油漆。等电位连接环应安装水平，不能歪斜。

3）拉紧绝缘子串必须紧固，弹簧应能伸缩自如，同相绝缘子串的拉力应均匀。

4）放电记录器应密封良好、动作可靠、安装位置应一致，且便于观察，安装时，放电记录器要恢复至零位。

5）10kV以下变配电所常用的阀型避雷器，体积较小，当安装在墙上时，应有金属支架固定，安装在电杆上时，应有横担固定。金属支架、横担应根据设计要求加工制作，并固定牢固。避雷器的上部端子一般用镀锌螺栓与高压母线连接，下部端子接到接地引下线上，接地引下线应尽可能短而直，截面积应按接地要求和规定选择。

（2）管型避雷器

管型避雷器由产气管、内部间隙和外部间隙三部分组成，如图5.2-3所示。

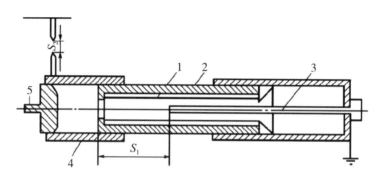

图5.2-3 管型避雷器

1-产气管；2-胶木管；3-棒形电极；4-环形电极；5-动作指示器；S_1-内间隙；S_2-外间隙

产气管由纤维、有机玻璃或塑料制成。内部间隙装在产气管内，一个电极为棒形，另一电极为环形。图5.2-3中S_1为管型避雷器的内部间隙，S_2是装在管型避雷器与带电的线路之间的外部间隙。

当线路上遭到雷击或发生感应雷时，雷电过电压使管型避雷器的外部间隙和内部间隙击穿，强大的雷电流能过接地装置入地。同时，随之而来的工频续流也很大，这雷电流和工频续流在管子内部间隙产生强烈电弧，使管内壁的材料燃烧、产生大量气体，由于管子容积很小，使管内气体压力很大，把电弧强烈地从管口喷出，使电弧熄灭。外部间隙在雷电流入地后便很快恢复绝缘，使避雷器与线路隔离，线路便恢复正常运行。

一般管型避雷器用在线路上，在变配电所内一般用阀型避雷器。

管型避雷器安装要求如下：

1）安装前应进行外观检查：绝缘管壁应无破损、裂痕，漆膜无脱落，管口无堵塞，配件齐全，绝缘应良好，试验应合格。

2）灭弧间隙不得任意拆开调整，其喷口处的灭弧管内径应符合产品技术规定。

3）安装时应在管体的闭口端固定，开口端指向下方。倾斜安装时，其轴线与水平方向的夹角：普通管型避雷器应不小于15°，无续流避雷器应不小于45°，装在污秽地区时，还应增大倾斜角度。

4）避雷器安装方位，应使其排出的气体不致引起相间或对地短路或闪络，也不得喷及其他电气设备。避雷器的动作指示盖向下打出。

5）避雷器及其支架必须安装牢固，防止反冲力使其变形和移位，同时应便于观察和检修。

6）无续流避雷器的高压引线与被保护设备的连接线长度应符合产品的技术规定。

（3）氧化锌避雷器

氧化锌避雷器是20世纪70年代初期出现的压敏避雷器，它是以金属氧化锌微粒为基体，与精选过的能够产生非线性特性的金属氧化物（如氧化铋等）添加剂高温烧结而成的非线性电阻。其工作原理是：在正常工作电压下，具有极高的电阻，呈绝缘状态，当工作电压超过其启动值时（如雷电过电压，或操作过电压等），氧化锌阀片电阻变为极小，呈"导通"状态，将雷电流向大地泄放。待过电压消失后，氧化锌阀片电阻已呈现高阻状态，使"导通"终止，恢复原始状况。氧化锌避雷器动作迅速，通流量大，伏安特性好，残压低，无续流，因此，使用很广，其安装要求与阀型避雷器相同。

5.2.4 问题思考

1．填空题

（1）_____的防护措施有装设避雷针、避雷线、避雷网、避雷带等方法。

（2）采用多根引下线时，宜在各引下线上于距地面_____之间装设_____。

（3）独立烟囱顶上的接闪杆，钢管不应小于_____mm。

（4）常用的避雷器有_____、_____和_____。

2．判断题

（1）在接地装置和引下线施工前安装接闪器，且与引下线连接。

（2）可以利用广播电视共用天线杆顶上的接闪器保护建筑物。

（3）避雷针、避雷线、避雷网和避雷带都可作为接闪器。

（4）移动通信基站天线应在接闪器（包括避雷针、避雷带等）的保护范围之内。

3．单选题

（1）在建筑物外设置引下线时，引下线应平直敷设，引下线与各类平直敷设的信号线间隔不应小于_____m。

A．1.5 B．1.6 C．1.8 D．1.9

（2）在建筑物外设置引下线时，引下线不应少于_____根。

A．一 B．二 C．三 D．四

（3）杆长1m以下的热镀锌圆钢接闪杆不应小于_____mm。

A．8 B．10 C．12 D．16

（4）接闪网和接闪带采用镀锌圆钢，圆钢直径不得小于_____mm。

A．6 B．8 C．10 D．12

（5）屋顶避雷带的支持卡间距为_____m。

A．0.8　　　　　B．1　　　　　C．1.5　　　　　D．1.0～1.5

4．问答题

（1）什么是雷电感应和雷电侵入波，如何防止这两种雷电侵害？

（2）避雷器的作用是什么？

5.2.5 知识拓展

5.2-4 防雷接地安装施工工艺	5.2-5 雷电波侵入

任务 5.3
建筑物等电位联结及浪涌保护器安装

5.3.1 教学目标与思路

【教学目标】

知识目标	能力目标	素养目标	思政要素
1. 掌握等电位联结方法； 2. 熟悉浪涌保护器的安装要求。	1. 能做等电位联结； 2. 能安装浪涌保护器。	1. 具有良好倾听的能力，能有效地获得各种资讯； 2. 能正确表达自己思想，学会理解和分析问题。	1. 培养按计划工作的工作态度； 2. 树立以人为本，预防为主，安全第一的思想。

【学习任务】对等电位联结方法以及浪涌保护器安装方法有全面的认知。

【建议学时】2学时

【思维导图】

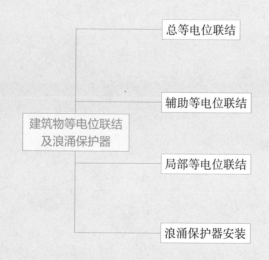

5.3.2 学生任务单

任务名称	建筑物等电位联结及浪涌保护器安装	
学生姓名	班级学号	
同组成员		
负责任务		
完成日期	完成效果	
	教师评价	

学习任务	1. 掌握等电位联结方法； 2. 熟悉浪涌保护器的安装要求。			
自学简述	课前预习	学习内容、浏览资源、查阅资料		
	拓展学习	任务以外的学习内容		
任务研究	完成步骤	用流程图表达		
	任务分工	任务分工	完成人	完成时间

本人任务	
角色扮演	
岗位职责	
提交成果	

任务实施	完成步骤	第1步		
		第2步		
		第3步		
		第4步		
		第5步		
	问题求助			
	难点解决			
	重点记录	完成任务过程中，用到的基本知识、公式、规范、方法和工具等		成果提交
学习反思	不足之处			
	待解问题			
	课后学习			

过程评价	自我评价（5分）	课前学习	时间观念	实施方法	知识技能	成果质量	分值
	小组评价（5分）	任务承担	时间观念	团队合作	知识技能	成果质量	分值

5.3.3 知识与技能

等电位联结是将电气设备的外露可导电部分、装置外导电部分等用金属导体适当地联结起来。做好以后，即使有故障电流流过，人所能接触到的两个导体之间基本上是等电位，从而避免或减小了电击的危险。在电气工程中，常见的等电位联结方法有三种，即总等电位联结、辅助等电位联结和局部等电位联结。这三种等电位联结在原理上都是相同的，不同之处仅在于作用范围和工程做法。

1. 知识点——总等电位联结

总等电位联结是通过进线配电箱近旁的总等电位联结端子板将进线配电箱的PE母排，公共设施的金属管道，建筑物的金属结构及人工接地的接地引线等互相连通，以达到降低建筑物间接接触电击的接触电压和不同金属部件间的电位差，并消除自建筑物外经电气线路和各种金属管道引入的危险故障电压的危害，它同时也具有重复接地的作用。

5.3-1
总等电位联结

工程上总等电位联结的做法是在建筑物电源线路进线处，将建筑物内的主保护（PE）干线、接地干线、总水管、集中供暖及空气调节系统的主要立管及建筑物金属构架等相互做电气连接。每个建筑物都应设总等电位联结线。对多电源进线的建筑物，每个电源进线都需作各自的总等电位联结，所有总等电位联结系统之间应就近互相连通，使整个建筑物电气装置处于同一电位水平。

总等电位联结线的截面积应大于等于电气设备的PE线截面积的一半，用于总等电位联结的室外环行导体可采用40mm×4mm镀锌扁钢，室内环形导体可采用40mm×4mm镀锌扁钢或铜带，室内环形导体宜明敷，在支撑点处或过墙处为了防腐应有绝缘防护。等电位连接网格的连接宜采用焊接、熔接或压接。连接导体与等电位接地端子板之间应采用螺栓连接，连接处应进行热搪锡处理。等电位连接导线应使用具有黄绿相间色标的铜质绝缘导线。对于暗敷的等电位连接线及其连接处，应做隐蔽工程记录，并在竣工图上注明其实际部位、走向。等电位连接带表面应无毛刺、明显伤痕、残余焊渣，安装平整、连接牢固，绝缘导线的绝缘层无老化龟裂现象。

2. 知识点——辅助等电位联结

在一个装置或部分装置内，如果作用于自动切断供电的间接接触保护不能满足规范规定的条件时，则需要设置辅助等电位联结。辅助等电位联结包括所有可同时触及的固定式设备的外露导电部分，所有设备的保护线，水暖管道、建筑物构件等装置外导体部分。

用于两电气设备外露导体间的辅助等电位联结线的截面为两设备中较小PE线的截面，电气设备与装置外可导电部分间辅助等电位联结线的截面为该电气设备的PE线截面的一半。辅助等电位联结线的最小截面，有机械保护时采用铜导线为2.5mm²，采用铝导线时为4mm²，无机械保护时铜、铝导线均为4mm²，采用镀锌钢时，圆钢为

ϕ10mm，扁钢为20mm×4mm。

辅助等电位联结既可直接降低接触电压，又可作为总等电位联结的补充，从而进一步降低接触电压。

3. 知识点——局部等电位联结

在局部场所范围内，将各可导电部分连通，称为局部等电位联结。通过局部等电位联结端子板将PE母线或PE干线、公用设施的金属管道、建筑物金属结构等部分互相连通。

在如下情况下需做局部等电位联结：电源网络阻抗过大，使自动切断电源时间过长，不能满足防电击要求，TN系统内自同一配电箱供电给固定式和移动式两种电气设备而固定式设备保护电器切断电源时间不能满足移动式设备防电击要求，满足浴室、游泳池、医院手术室、农牧业等场所对防电击的特殊要求和防雷和信息系统抗干扰的要求。

局部等电位联结线的截面积应不小于局部场所内最大PE线截面积。有机械保护时采用铜导线为2.5mm²，采用铝导线时为4mm²，无机械保护时铜、铝导线均为4mm²，采用镀锌钢时，圆钢为ϕ8mm，扁钢为20mm×4mm。

（1）钢筋混凝土建筑物宜在电子信息系统机房内预埋与房屋内墙结构柱主钢筋相连的等电位接地端子板，并宜符合下列规定：

1）机房采用S型等电位联结时，宜使用不小于25mm×3mm的铜排作为单点连接的等电位接地基准点；

2）机房采用M型等电位联结时，宜使用截面积不小于25mm²的铜箔或多股铜芯导体在防静电活动地板下做成等电位接地网格。

（2）砖木结构建筑物宜在其四周埋设环形接地装置。电子信息设备机房宜采用截面积不小于50mm²铜带安装局部等电位连接带，并采用截面积不小于25mm²的绝缘铜芯导线穿管与环形接地装置相连。

相对于辅助等电位联结而言，局部等电位联结可使范围更广泛的一个局部场所大幅度降低故障接触电压。

等电位联结的施工要求有：

（1）金属管道的连接处一般不需要跨接线。

（2）水管上装有塑壳水表时，需加跨接线，以保证水管的等电位联结和接地的有效。

（3）要求等电位联结的场所，若人站立处不超过10m的距离内地下有金属管道或金属结构时，可认为满足地面等电位的要求，否则应在地下加埋等电位带。

（4）为避免燃气管道成为接地极，燃气管入户后应插入一绝缘段，并在绝缘段两端跨接火花放电间隙。

（5）各联结导体间的连接可采用焊接或化学熔焊，明敷导体也可采取螺栓连接或压接的方法。

（6）暗敷的等电位联结线及其连接处应做好隐蔽验收记录，竣工图上应注明其实际走向和部位。

4.知识点——浪涌保护器安装

浪涌保护器，是一种为各种电子设备、仪器仪表、通信线路提供安全防护的电子装置。当电气回路或者通信线路中因为外界的干扰突然产生尖峰电流或者电压时，浪涌保护器能在极短的时间内导通分流，从而避免浪涌对回路中其他设备的损害。

（1）电源线路浪涌保护器的安装应符合下列规定：

1）电源线路的各级浪涌保护器应分别安装在线路进入建筑物的入口、防雷区的界面和靠近被保护设备处。各级浪涌保护器连接导线应短直，其长度不宜超过0.5m，并固定牢靠。浪涌保护器各接线端应在本级开关、熔断器的下桩头分别与配电箱内线路的同名端相线连接，浪涌保护器的接地端应以最短距离与所处防雷区的等电位接地端子板连接。配电箱的保护接地线（PE）应与等电位接地端子板直接连接。

2）带有接线端子的电源线路浪涌保护器应采用压接，带有接线柱的浪涌保护器宜采用接线端子与接线柱连接。

3）浪涌保护器连接导线最小截面积宜符合表5.3-1的规定。

浪涌保护器连接导线最小截面积   表5.3-1

SPD级数	SPD 的类型	导线截面积（mm²）	
		SPD接地端连接铜导线	SPD连接相线铜导线
第一级	开关型或限压型	6	10
第二级	限压型	6	4
第三级	限压型	2.5	4
第四级	限压型	2.5	4

（2）天馈线路浪涌保护器的安装应符合下列规定：

1）天馈线路浪涌保护器应安装在天馈线与被保护设备之间，宜安装在机房内设备附近或机架上，也可以直接安装在设备射频端口上。

2）天馈线路浪涌保护器的接地端应采用截面积不小于6mm²的铜芯导线就近连接到LPZ0A或LPZ0B与LPZ1交界处的等电位接地端子板上，接地线应短直。

（3）信号线路浪涌保护器的安装应符合下列规定：

1）信号线路浪涌保护器应连接在被保护设备的信号端口上。浪涌保护器可以安装在机柜内，也可以固定在设备机架或附近的支撑物上。

2）信号线路浪涌保护器接地端宜采用截面积不小于1.5mm²的铜芯导线与设备机房等电位连接网络连接，接地线应短直。

5.3.4 问题思考

1．填空题

（1）局部等电位连接线，用于连接装置外露导电体与装置外导电部分，有机械保护时，铜导线其截面积应为_____mm²。

（2）浪涌保护器的类型有_____和_____。

2．判断题

浪涌保护器属于室外设备。

3．单选题

（1）总等电位联结是将电气装置的_____与附近的所有金属管道构件在进入建筑物处接向总等电位联结端子板。

A．防雷接地线　　　B．相线　　　　　C．地线　　　　　　D．PE线或PEN线

（2）机房局部等电位接地端子板最小截面积不应小于（　　）mm²。

A．25　　　　　　　B．50　　　　　　C．100　　　　　　D．150

（3）浪涌保护器连接导线应平直，其长度不宜大于（　　）m。

A．0.5　　　　　　B．1　　　　　　　C．1.5　　　　　　D．2

5.3.5 知识拓展

5.3-3　机房防雷接地等电位做法

CHAPTER 6

项目 6
流水施工组织

任务 6.1
流水施工基本参数的确定及计算

6.1.1 教学目标与思路

【教学目标】

知识目标	能力目标	素养目标	思政要素
1. 熟悉各类型施工组织形式的特点，掌握流水施工的基本原理； 2. 掌握不同流水施工参数的概念和基本的计算方法。	1. 能够分辨不同种类的施工组织形式； 2. 能够初步识读施工横道进度计划图； 3. 能够初步确定流水施工参数。	1. 有良好的资讯接收能力，具有信息的搜集、检索和分析能力； 2. 具有良好的团队协作能力，在团队中能准确表达观点，正确使用概念及术语。	1. 培养严谨的工作作风； 2. 树立科学发展的观念，培养以人为本的思想。

【学习任务】对各类型施工组织的概念、形式、表达和特点有一个全面的了解，重点掌握流水施工的概念和优缺点，在此基础上对流水施工参数的概念和确定有一个初步的掌握，为后续深入学习各类型流水施工计划的计算和制定打下基础。

【建议学时】2~4学时

【思维导图】

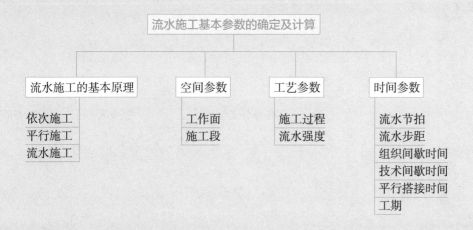

6.1.2 学生任务单

任务名称	流水施工基本参数的确定及计算		
学生姓名		班级学号	
同组成员			
负责任务			
完成日期		完成效果	
		教师评价	

学习任务	1. 熟悉各类型施工组织形式的特点，能够分辨不同种类的施工组织形式； 2. 掌握流水施工的基本概念，能够准确归纳流水施工的特点； 3. 能够初步识读施工横道进度计划图； 4. 能够初步确定流水施工参数。		
自学简述	课前预习	学习内容、浏览资源、查阅资料	
	拓展学习	任务以外的学习内容	
任务研究	完成步骤	用流程图表达	
	任务分工	任务分工	完成人	完成时间

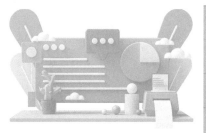

	本人任务	
	角色扮演	
	岗位职责	
	提交成果	

		第1步		
		第2步		
	完成步骤	第3步		
		第4步		
		第5步		
任务实施	问题求助			
	难点解决			
	重点记录	完成任务过程中，用到的基本知识、公式、规范、方法和工具等		成果提交
学习反思	不足之处			
	待解问题			
	课后学习			

过程评价	自我评价（5分）	课前学习	时间观念	实施方法	知识技能	成果质量	分值
	小组评价（5分）	任务承担	时间观念	团队合作	知识技能	成果质量	分值

6.1.3 知识与技能

1. 知识点——流水施工的基本原理

（1）建筑安装工程施工组织方式

在组织多幢房屋或将一幢房屋分成若干个施工区段以及多台设备同时安装进行施工的时候，可采用依次施工、平行施工和流水施工三种组织方式。这三种施工组织方式的概念、特点分述如下：

1）依次施工

依次施工也称顺序施工，就是按照施工组织先后顺序或施工对象工艺先后以及一台设备施工过程的先后

6.1-1
依次施工

顺序，由施工班组一个施工过程接一个施工过程连续进行施工的一种方式。它是一种最原始、最古老的作业方式，也是最基本的作业方式，它是由生产的客观情况决定的。任何施工生产都必须按照客观要求的顺序，有步骤地进行。没有前一施工过程创造的条件，后面的施工过程就无法继续进行。依次施工通常有两种安排方式：

①按设备（或施工段）依次施工

这种方式是在一台设备各施工过程完成后，再依次完成其他设备各施工过程的组织方式。例如：4台型号、规格完全相同的设备需要安装。每台设备可划分

6.1-2
按设备（或施工段）
依次施工

为二次搬运、现场组对、安装就位和调试运行4个施工过程。每个施工过程所需班组人数和工作持续时间为：二次搬运10人4天，现场组对8人4天，安装就位10人4天，调试运行5人4天。其施工进度安排扫码如图所示。图进度表下面的曲线称为劳动力消耗曲线，其纵坐标为每天施工人数，横坐标为施工进度（天）。

若用t_i表示完成一台设备某施工过程所需工作持续时间，则完成该台设备各施工过程所需时间为$\sum t_i$，则完成M台设备所需时间为：

$$T = M \cdot \sum t_i$$

②按施工过程依次施工

这种方式是在完成每台设备的第一个施工过程后，再开始第二个施工过程的施工，直至完成最后一个施工过程的组织方式。这种方式完成M台设备所需时间与前一种相同，但每天所需的劳动力消耗不同。

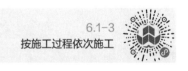

6.1-3
按施工过程依次施工

从这两种组织形式中可以看出：依次施工的最大优点是每天投入劳动力较少，机具、设备和材料供应单一，施工现场管理简单，便于组织和安排。当工程规模较小时，施工工作面又有限时，依次施工是适用的，也是常见的。

依次施工的缺点也很明显：按设备依次施工虽然能较早地完成一台设备的安装任务，但各班组施工及材料供应无法保持连续和均衡，工人有窝工现象。按施工过程依次

施工时，各班组虽然能连续施工，但不能充分利用工作面，完成每台设备的时间较长。由此可见，采用依次施工工期较长，不能充分利用时间和空间，在组织安排上不尽合理，效率较低，不利于提高工程质量和提高劳动生产率。

2）平行施工

平行施工是指所有工程对象同时开工，同时竣工。在施工中，同工种的M班组同时在各个施工段上进行着相同的施工过程。

6.1-4
平行施工

6.1-5
平行施工进度安排

从图中可知，完成设备所需时间等于完成1台设备的时间，即：

$$T = \sum t_i$$

平行施工的优点是能充分利用工作面，施工工期最短。但由于施工班组数成倍增加，机具设备、材料供应集中，临时设施相应增加，施工现场的组织管理比较复杂，各施工班组完成施工任务后，可能出现窝工现象，不能连续施工。平行施工一般适用于工期较紧、大规模建筑群及分期分批组织施工的工程任务。这种施工只有在各方面的资源供应有保障的前提下，才是合理的。

3）流水施工

流水施工是将安装工程划分为工程量相等或大致相等的若干个施工段，然后根据施工工艺的要求将各施工段上的工作划分成若干个施工过程，组建相应专业的施工队组（班组），相邻两个施工队组按施工顺序相继投入施工，在开工时间上最大限度地、合理地搭接起来的施工组织方式。每个专业队组完成一个施工段上的施工任务后，依次地连续地进入下一个施工段，完成相同的施工任务，保证施工在时间上和空间上有节奏地、均衡地、连续地进行下去。

6.1-6
流水施工

流水施工所需总时间比依次施工短，各施工过程投入的劳动力比平行施工少，各施工班组能连续地、均衡地施工，前后施工过程尽可能平行搭接施工，比

6.1-7
流水施工进度安排

较充分利用了工作面。它吸收了依次施工和平行施工的优点，克服了两者的缺点。它是在依次施工和平行施工的基础上产生的，是一种以分工为基础的协作。

（2）施工的技术经济效果

流水施工是在依次施工和平行施工的基础上产生的，它既克服了依次施工、平行施工的缺点，又具有它们两者的优点，流水施工是一种先进的、科学的施

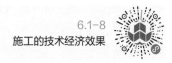
6.1-8
施工的技术经济效果

工组织方式，其显著的技术、经济效果，可以归纳为以下几点：

1）施工工期短，能早日发挥基本建设投资效益

流水施工能够合理地、充分地利用施工工作面，加快工程进度，从而有利于缩短

工期，可使拟建工程项目尽早竣工，交付使用或投产，发挥工程效益和社会效益。

2）提高工人的技术水平，提高劳动生产率

流水施工使施工队组实现了专业化生产。工人连续作业，操作熟练，有利于不断改进操作方法和机具，有利于技术革新和技术革命，从而使工人的技术水平和生产率不断提高。

3）提高工程质量，延长建筑安装产品的使用寿命

由于实现了专业化生产，工人技术水平高，各专业队之间搭接作业，互相监督，可提高工程质量，延长使用寿命，减少使用过程中的维修费用。

4）有利于机械设备的充分利用和提高劳动力和生产效率

各专业队组按预定时间完成各个施工段上的任务。施工组织合理，没有频繁调动的窝工现象。在有节奏的、连续的流水施工中，施工机械和劳动力的生产效率都得以充分发挥。

5）降低工程成本，提高经济效益

流水施工资源消耗均衡，便于组织供应，储存合理、利用充分，减少不必要的损耗，减少高峰期的人数，减少临时设施费和施工管理费。降低工程成本，提高施工企业的经济效益。

（3）组织流水施工的条件与步骤

1）组织流水施工的条件

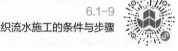

6.1-9
组织流水施工的条件与步骤

①划分分部分项工程

首先将拟建工程，根据工程特点及施工要求，划分为若干个分部工程，其次按照工艺要求、工程量大小和施工队组的情况，将各分部工程划分为若干个施工过程（即分项工程）。

②划分工程量（或劳动量）相等或大致相等的若干个施工空间（区段）

根据组织流水施工的需要，将拟建工程在平面上或空间上，划分为工程量大致相等的若干个施工段。

③各个施工过程组织独立的施工队组进行施工

在一个流水施工中，每个施工过程尽可能组织独立的施工队组，其形式可以是专业队组，也可以是混合队组。这样可使每个施工队组按施工顺序，依次地、连续地、均衡地从一个施工段转移到另一个施工段进行相同的操作。

④安排主要施工过程进行连续、均衡地施工

对工程量较大、施工时间较长的施工过程，必须组织连续、均衡施工，对其他次要施工过程，可考虑与相邻的施工过程合并。如不能合并，为缩短工期，可安排间断施工。

⑤不同的施工过程按施工工艺要求，尽可能组织平行搭接施工

根据施工顺序，不同的施工过程，在有工作面的条件下，除必要的技术和组织间

歇时间外，应尽可能组织平行搭接施工。

2）组织流水施工步骤

①选择流水施工的工程对象，划分施工段；

②划分施工过程，组建专业队组；

③确定安装工程的先后顺序；

④计算流水施工参数；

⑤绘制施工进度图表。

（4）流水施工的分级和表达形式

1）流水施工的分级

6.1-10
分级和表达形式

根据流水施工的组织范围划分，流水施工通常可分为：

①分项工程流水施工

分项工程流水施工也称为细部流水施工。它是指组织一个施工过程的流水施工，是组织工程流水施工中范围最小的流水施工。

②分部工程流水施工

分部工程流水施工也称为专业流水施工。它是一个分部工程内各施工过程流水的工艺组合，是组织单位工程流水施工的基础。

③单位工程流水施工

单位工程流水施工也称为综合流水施工，它是分部工程流水的扩大的组合，是建立在分部工程流水的基础上的。

④群体工程流水施工

群体工程流水施工也称为大流水施工，它是单位工程流水施工的扩大，是建立在单位工程流水施工的基础之上。

2）流水施工的表达形式

①横道图

流水施工常用横道图表示，横道图也叫甘特图。其左边列出各施工过程的名称及班组人数，右边用水平线段在时间坐标下画出施工进度。

②斜线图

流水施工的斜线图表达形式与横道图表达的内容是一致的。在斜线图中，左边列出各施工段，右边用斜线在时间坐标下画出施工进度，每条斜线表示一个施工过程。

6.1-11
斜线图

③网络图

网络图的表达方式，详见项目7。

2．知识点——空间参数

空间参数就是以表达流水施工在空间布置上所处状态的参数。空间参数主要有施工段和工作面两种。

（1）工作面A（工作前线L）

工作面是指供给专业工人或机械进行作业的活动空间，也称为工作前线。根据施工过程不同，它可以用不同的计量单位表示。例如管线安装按延长米（m）计量，机电设备安装按台等计量。施工对象工作面的大小，表明安置作业的人数或机械台数的多少。每个作业的人或每台机械所需工作面的大小是根据相应工种单位时间内的产量定额、建筑安装操作规程和安全规程等的要求来确定的。通常前一施工过程结束，就为后一施工过程提供了工作面。工作面确定得合理与否，将直接影响到专业队组的生产效率。因此，必须满足其合理工作面的规定。

（2）施工段m

在组织流水施工时，通常把施工对象在平面上或空间上划分成若干个劳动量大致相等的区段，称为施工段。一般用m表示施工段的数目。

划分施工段的目的是组织流水施工。在保证工程质量的前提下，为专业工作队确定合理的空间或平面活动范围，使其按流水施工的原理，集中人力、物力，迅速地、依次地、连续地完成各施工段的任务，为相邻专业工作队尽早地提供工作面，达到缩短工期的目的。避免出现等待、停歇现象，互不干扰。一般情况下，一个施工段在同一时间内，只能容纳一个专业班组施工。

施工段的划分，在不同的分部工程中，可以采用相同或不同的划分方法。在一般情况下，同一分部工程中，最好采用统一段数。为了使施工段划分得更科学、合理，通常应遵循以下原则：

1）各施工段的工程量（或劳动量）要大致相等，其相差幅度不宜超过10%～15%，以保证各施工队组连续、均衡地施工。

2）施工段的划分界限应与施工对象的结构界限或空间位置（单台设备、生产线、车间、管线单元体系等）相一致，以保证施工质量和不违反操作规程要求为前提。

3）各施工段应有足够的工作面，以利于达到较高的劳动生产率。

4）施工段的数目要满足合理流水施工组织的要求。施工段数目过多，会减慢施工速度，延长工期，施工段过少，不利于充分利用工作面。当分层施工时施工段数m与各施工段的施工过程数n满足：$m \geq n$。

3．知识点——工艺参数

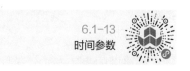

工艺参数是指在组织流水施工时，用以表达流水施工在施工工艺上开展顺序及其特征的参数，也就是将拟建工程项目的整个建造过程分解为施工过程的种类、性质和数目的总称。通常，工

艺参数包括施工过程数和流水强度两种。

（1）施工过程数 n

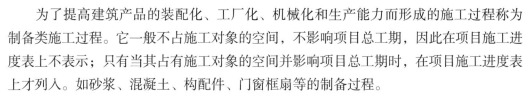

6.1—14
施工过程

1）施工过程的分类

①制备类施工过程

为了提高建筑产品的装配化、工厂化、机械化和生产能力而形成的施工过程称为制备类施工过程。它一般不占施工对象的空间，不影响项目总工期，因此在项目施工进度表上不表示；只有当其占有施工对象的空间并影响项目总工期时，在项目施工进度表上才列入。如砂浆、混凝土、构配件、门窗框扇等的制备过程。

②运输类施工过程

将建筑材料、构配件、（半）成品、制品和设备等运到项目工地仓库或现场操作使用地点而形成的施工过程称为运输类施工过程。它一般不占施工对象的空间，不影响项目总工期，通常不列入施工进度计划中，只有当其占有施工对象的空间并影响项目总工期时，才被列入进度计划中。

③安装砌筑类施工过程

在施工对象空间上直接进行加工，最终形成建筑产品的施工过程称为安装砌筑类施工过程。它占有施工空间，同时影响项目总工期，必须列入施工进度计划中。

安装砌筑类施工过程按其在项目生产中的作用不同可分为主导施工过程和穿插施工过程，按其工艺性质不同可分为连续施工过程和间断施工过程，按其复杂程度可分为简单施工过程和复杂施工过程。

2）施工过程划分的影响因素

施工过程是对建筑安装施工从开工到竣工整个建造过程的统称。组织流水施工时，首先应将施工对象划分为若干个施工过程。施工过程所包含的施工内容可繁可简。可以是单项工程、单位工程，也可以是分部工程、分项工程。在指导单位工程流水施工时，一般工程指分项工程，其名称和工作内容与现行的有关定额相一致。施工过程划分的数目多少、粗细程度一般与下列因素有关：

①施工进度计划的性质和作用

对工程施工控制性计划、长期计划，其施工过程划分粗些，综合性大些，一般划分至单位工程或分部工程。对中小型单位工程进度计划、短期计划，其施工过程可划分得细些、具体些。例如：安装一台设备可作为一个施工过程，也可以划分为二次搬运、现场组装、安装就位和调试运行四个施工过程。其中二次搬运还可以分成搬运机械设备、仓库检验、吊装、平面运输、卸车等施工过程。

②施工方案及工程结构

施工方案及工程结构的不同，施工过程的划分也不同。如安装高塔设备，采用空中组对焊接或地面组焊整体吊装的施工方法不同，施工过程的先后顺序、数目和内容也不同。

③劳动组织及劳动量大小

施工过程的划分与施工队组及施工习惯有关。如除锈、刷漆施工，可合也可分，因有些班组是混合班组，有些班组是单一工种班组，凡是同一时期由同一施工队进行施工的施工过程可能合并在一起，否则就应分列。如设备的二次搬运，虽有几个施工过程，但都在同一时期，并且都由起重、搬运队组来进行的，就可以合并为一个施工过程。进行塔罐设备的现场组对，如果涉及焊接、保温、油漆等施工过程，而这些施工过程分别由不同的施工队组来完成时，应该把这些施工过程分别列出，以便在施工组织中真实地反映这些专业队组之间的搭接关系。施工过程的划分还与劳动量的大小有关。劳动量小的施工过程，组织流水施工有困难，可与其他施工过程合并。这样可使各个施工过程的劳动量大致相等，便于组织流水施工。

④劳动内容和范围

施工过程的划分与其劳动内容和范围有关。如直接在施工现场的工程对象上进行的劳动过程，可以划入流水施工过程，如安装砌筑类施工过程；而场外劳动内容，如预制加工、运输等，可以不划入流水施工过程。一般小型设备安装，施工过程 n 可限5个左右，没有必要把施工过程分得太细、太多，给计算增添麻烦，使施工班组不便组织；也不能太少、过粗，那样将过于笼统，失去指导作用。施工过程数 n 与施工段数 m 是互相联系的，也是相互制约的，决定时应统筹考虑。

（2）流水强度 V

流水强度又称流水能力与生产能力。它表示某一施工过程在单位时间内所完成的工程量。它主要与选择的机械或参加作业的人数有关。

6.1-15
流水强度

1）机械施工过程的流水强度

$$V_i = \sum_{j=1}^{x} R_{ij} \cdot S_{ij}\, (i = 1,2,3,\cdots,n)$$

式中　R_{ij}——投入施工过程 i 的某种施工机械台数；

　　　S_{ij}——投入施工过程 i 的某种施工机械产量定额；

　　　x——投入施工过程 i 的施工机械种类数。

2）人工施工过程的流水强度

$$V_i = R_i \cdot S_i$$

式中　R_i——投入施工过程 i 的专业工作队工人数（应小于工作面上允许容纳的最多人数）；

　　　S_i——投入施工过程 i 的专业工作队平均产量定额（每个工人每班产量定额）。

已知施工过程的工程量和流水强度就可以计算施工过程的持续时间，或者已知施工过程的工程量和计划完成的时间，就可以计算出流水强度，为参加流水施工的施工队组装备施工机械和配备工人人数提供依据。

4．知识点——时间参数

时间参数是流水施工中反映施工过程在时间排列上所处状态的参数，一般有流水节拍、流水步距、平行搭接时间、工艺间歇时间、组织间歇时间和工期等。

6.1-16
时间参数

（1）流水节拍

流水节拍是指从事某一施工过程的施工班组在一个施工段上完成施工任务所需的时间，用符号 K_i 来表示（i=1，2，…，n）。流水节拍的大小直接关系着投入劳动力、机械和材料的多少，决定着施工速度和节奏。因此，合理确定流水节拍，对组织流水施工具有十分重要的意义。

6.1-17
流水节拍

1）影响流水节拍的大小的主要因素：

①任何施工，对操作人数组合都有一定限制。流水节拍大时，所需专业队（组）人数要少，但操作人数不能小于工序组合的最少人数。

②每个施工段为各施工过程提供的工作面是有限的。当流水节拍小时，所需专业队（组）人数要多，而专业队组的人数多少是受工作面限制的，所以流水节拍确定，要考虑各专业队组有一定操作面，以便充分发挥专业队组的劳动效率。

③在建筑安装工程中，有些施工工艺受技术与组织间歇时间的限制。如设备涂刷底漆后，必须经过一定的干燥时间，才能涂面漆，等待干燥的时间称为工艺间歇时间。再如一些隐蔽工程检验，焊接检验所需的停顿时间，称为组织间歇时间。因此，流水节拍的长短与技术、组织间歇时间有关。

④材料、构件的储存与供应，施工机械的运输与起重能力等，均对流水节拍有影响。

⑤确定一个分部工程各施工过程的流水节拍时，首先应考虑主要的、工程量大的施工过程的节拍，其次确定其他施工过程的节拍值。

⑥节拍一般取整数，必要时可保留0.5天（台班）的小数值。

总之，确定流水节拍是一项复杂工作，它与施工段数、专业队数、工期时间等因素有关，在这些因素中，应全面综合、权衡，以解决主要矛盾为中心，力求确定一个较为合理的流水节拍。

2）流水节拍的计算方法：

$$K_i = \frac{P_i}{R_i \cdot b} = \frac{Q_i}{S_i \cdot R_i \cdot b}$$

或

$$K_i = \frac{P_i}{R_i \cdot b} = \frac{Q_i \cdot H_i}{R_i \cdot b}$$

式中 K_i——某施工过程的流水节拍；

P_i——在一个施工阶段上完成某施工过程所需的劳动量（工日数）或机械台班量（台班数）；

R_i——某施工过程的施工班组人数或机械台数；

b——每天工作班数；

Q_i——某施工过程在某施工段上的工程量；

S_i——某施工过程的每工日（或每台班）产量定额；

H_i——某施工过程采用的时间定额。

上式是根据工地现有施工班组人数或机械台数以及能够达到的定额水平来确定流水节拍的，在工期规定的情况下，也可以根据工期要求先确定流水节拍，然后应用上式求出所需的施工班组人数或机械台数。显然，在一个施工段上工程量不变的情况下，流水节拍越小，则所需施工班组人数和机械台数就越多。

在确定施工队班组人数或机械台数时，必须检查劳动力、机械和材料供应的可能性，必须核实工作面是否足够等。如果工期紧，大型施工机械或工作面受限时，就应考虑增加工作班次。即由一班工作改为两班或三班工作，以解决机械和工作面的有效利用问题。

（2）流水步距

流水步距是指两个相邻的施工过程（或施工队组）

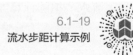

6.1-18
流水步距

先后进入同一施工段施工的时间间隔。一般以$B_{i,i+1}$表示。它是流水施工的基本参数之一，流水步距的大小，对工期有着较大的影响。在施工段不变的条件下，流水步距越大，工期越长；流水步距越小，工期越短。流水步距与前后两个相邻施工段的流水节拍的大小、施工工艺技术要求、是否有工艺和组织间歇时间、施工段数、流水施工组织方式等有关。确定流水步距的原则如下：

1）主要施工队联系施工的需要。流水步距的最小长度，必须使主要施工专业队组进场以后，不发生停工、窝工现象；

2）施工工艺的要求。保证每个施工段的正常作业程序，不发生前一个施工过程尚未全部完成，而后一施工过程提前介入的现象；

3）最大限度搭接的要求。流水步距要保证相邻两个专业队在开工时间上最大限度地、合理地搭接；

4）要满足保证工程质量，满足安全生产、成品能保护的要求。

确定流水步距的方法如下：

①根据专业工作队在各施工段上的流水节拍，求累加数列；

6.1-19
流水步距计算示例

②根据施工顺序，对所求相邻的两累加数列，错位相减；

③根据错位相减的结果，确定相邻专业工作队之间的流水步距，即相减结果中数值最大者。

（3）平行搭接时间

在组织流水施工时，有时为了缩短工期，在工作面允许的条件下，如果前一个专业工作队完成部分施

6.1-20
平行搭接时间、间歇时间

工任务后，能够提前为后一个专业工作队提供工作面，使后者提前进入前一个施工段，两者在同一施工段上平行搭接施工，这个搭接的时间称为平行搭接时间，通常用$C_{i,i+1}$表示。

（4）工艺间歇时间

工艺间歇时间是指流水施工中某些施工过程完成后需要有合理的工艺间歇（等待）时间。工艺间歇时间与材料的性质和施工方法有关。如设备基础，在浇筑混凝土后，必须经过一定的养护时间，使基础达到一定强度后才能进行设备安装，又如设备涂刷底漆后，必须经过一定的干燥时间，才能涂面漆等。工艺间歇时间通常用$G_{i,i+1}$表示。

（5）组织间歇时间

组织间歇时间是指流水施工中某些施工过程完成后要有必要的检查验收或施工过程准备时间。如一些隐蔽工程的检查、焊缝检验等。通常用$Z_{i,i+1}$表示。

工艺间歇时间和组织间歇时间，在流水施工设计时，可以分别考虑，也可以一并考虑，或考虑在流水节拍及流水步距之中，但它们是不同的概念，其内容和作用也是不一样的，灵活运用工艺间歇时间和组织间歇时间，对简化流水施工组织有特殊的作用。

（6）工期

工期是指完成一项工程任务或一个流水组施工所需的时间。一般用下式计算：

$$T = \sum B_{i,i+1} + t_n + \sum G_{i,i+1} + \sum Z_{i,i+1} - \sum C_{i,i+1}$$

式中　　　T——流水施工工期；

$\sum B_{i,i+1}$——流水施工中各流水步距的总和；

t_n——最后一个施工过程在各个施工段上持续时间的总和，

$t_n = K_{n1} + K_{n2} + \cdots + K_{nm}$，$m$为施工段数；

$\sum C_{i,i+1}$——流水施工中所有平行搭接时间的总和；

$\sum G_{i,i+1}$——流水施工中所有工艺间歇时间的总和；

$\sum Z_{i,i+1}$——流水施工中所有组织间歇时间的总和。

6.1.4　问题思考

1. 单选题

（1）关于横道图特点的说法，正确的是_____。

A. 横道图无法表达工作间的逻辑关系

B. 可以确定横道图计划的关键工作和关键路线

C. 只能用手工方式对横道图计划进行调整

D. 横道图计划适用于大的进度计划系统

（2）建设工程组织流水施工时，其特点之一是_____。

A．有一个专业工作队在各施工段上完成全部工作

B．同一时间只能有一个专业队投入流水施工

C．各专业工作队按施工顺序应该连续、均衡地组织施工

D．现场的组织管理简单，工期最短

（3）下列_____参数为工艺参数。

A．施工过程数　　　B．施工段数　　　C．流水步距　　　D．流水节拍

（4）下列关于流水节拍的说法正确的是_____。

A．某个施工过程的流水节拍总是一个固定值

B．对于工期紧，任务重的工程，宜采用经验估算法计算流水节拍

C．当产量定额数值越大时，单位时间出产的工程量越高，则流水节拍也越大

D．定额计算法是计算流水节拍的一种常用方法

（5）下列不属于流水施工施工过程划分影响因素的是_____。

A．劳动量的大小　　　　　　　　B．产量定额的高低

C．建筑的结构形式　　　　　　　D．施工计划的性质

2．计算绘图题

（1）某工程有A、B、C三个施工过程，每个施工过程均划分为四个施工段，设t_A=2d，t_B=4d，t_C=3d，现分别计算依次施工、平行施工及流水施工的工期并绘制横道进度图。

（2）某安装工程，有运输工程量27200t·km。施工组织时，按四个施工段组织流水施工，每个施工段的运输工程量大致相等。使用解放牌汽车、黄河牌汽车和平板拖车10天内完成每一施工段上的二次搬运任务。已知解放牌汽车、黄河牌汽车及平板拖车的台班生产率分别为S_1=40t·km，S_2=64t·km，S_3=240t·km，并已知该施工单位有黄河牌汽车5台、平板拖车1台可用于施工，问尚需解放牌汽车多少台？

（3）某分部工程施工分为四个施工过程，每个施工过程分5个施工段，现在欲组织全部连续的流水施工，在以上流水步距计算的基础之上，试计算该施工过程的流水步距和施工工期。

施工过程＼施工段	Ⅰ	Ⅱ	Ⅲ	Ⅳ	Ⅴ
A	4	3	4	3	3
B	5	4	6	5	5
C	3	2	3	2	2
D	4	2	4	3	3

任务 6.2
流水施工组织及计算

6.2.1 教学目标与思路

【教学目标】

知识目标	能力目标	素养目标	思政要素
1. 掌握不同种类流水施工组织形式的概念、特点及应用领域； 2. 掌握不同种类流水施工组织形式时间参数的计算方法。	1. 能够分辨不同种类流水施工进度计划； 2. 能够进行不同种类流水施工组织形式下流水施工参数的确定和计算； 3. 能够进行不同种类流水施工组织形式横道进度计划图的绘制。	1. 有良好的资讯接收能力，具有信息的搜集、检索和分析能力； 2. 具有良好的团队协作能力，在团队中能准确表达观点，正确使用概念及术语。	1. 培养严谨的工作作风； 2. 树立科学发展的观念，培养以人为本的思想。

【学习任务】通过对不同种类流水施工组织形式的概念、特点和应用领域的分析和对比，掌握各类型流水施工进度计划的计算和制定，能够绘制相应的横道进度计划图。

【建议学时】6～8学时

【思维导图】

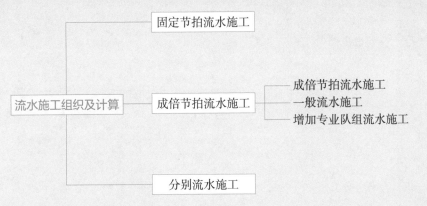

6.2.2 学生任务单

任务名称	流水施工组织及计算	
学生姓名	班级学号	
同组成员		
负责任务		
完成日期	完成效果	
	教师评价	

学习任务	1. 掌握不同种类流水施工组织形式的概念、特点； 2. 根据参数特性判断并选择合适的流水施工进度计划； 3. 掌握不同种类流水施工组织形式下流水施工参数的确定和计算； 4. 绘制不同种类流水施工组织形式横道进度计划图。		
自学简述	课前预习	学习内容、浏览资源、查阅资料	
	拓展学习	任务以外的学习内容	
任务研究	完成步骤	用流程图表达	

任务研究	任务分工	任务分工	完成人	完成时间

		本人任务	
		角色扮演	
		岗位职责	
		提交成果	

任务实施	完成步骤	第1步				
		第2步				
		第3步				
		第4步				
		第5步				
	问题求助					
	难点解决					
	重点记录	完成任务过程中，用到的基本知识、公式、规范、方法和工具等				成果提交
学习反思	不足之处					
	待解问题					
	课后学习					
过程评价	自我评价（5分）	课前学习	时间观念	实施方法	知识技能	成果质量	分值
	小组评价（5分）	任务承担	时间观念	团队合作	知识技能	成果质量	分值

6.2.3 知识与技能

在流水施工中，流水节拍的规律不同，流水施工的步距、施工工期的计算方法也不同，有时甚至影响各个施工过程成立专业队组的数目。流水施工中要求有一定的节拍，才能步调和谐，配合得当。流水施工的节奏是由流水节拍所决定的。由于安装工程的多样性，各分部分项工程量差异较大，要使所有的流水施工都组织统一的流水节拍是很困难的。在多数情况下，各施工过程的流水节拍不一定相等，甚至一个施工过程本身在各施工段上的流水节拍也不相等，因此形成了不同节奏特征的流水施工。

流水施工分为无节奏流水施工和有节奏流水施工两大类。

有节奏流水施工是指在组织流水施工时，每一项施工过程在各个施工段上的流水节拍都各自相等，又可分为等节奏流水施工和异节奏流水施工。

等节奏流水施工是指有节奏流水施工中，各施工过程之间的流水节拍都各自相等，也称为固定节拍流水施工或全等节拍流水施工。

异节奏流水施工是指有节奏流水施工中，各施工过程的流水节拍各自相等而不同施工过程之间的流水节拍不尽相等。通常存在两种组织方式，即异步距成倍节拍流水施工和等步距成倍节拍流水施工。等步距成倍节拍流水施工是按各施工过程流水节拍之间的比例关系，成立相应数量的专业施工队，进行流水施工，也称为成倍节拍流水施工。当异节奏流水施工、各施工过程的流水步距不尽相同时，其组织方式属于分别流水施工组织的范畴，与无节奏流水施工相同。

无节奏流水施工是指在组织流水施工时，全部或部分施工过程在各个施工段上的流水节拍各不相等。

在建筑工程流水施工中，常见的、基本的组织方式归纳为：固定节拍流水施工、成倍节拍流水施工和分别流水施工。

1．知识点——固定节拍流水施工

固定节拍流水施工是指各个施工过程在各施工段上的流水节拍全部相等的一种流水施工，也称全等节

6.2-1
固定节拍流水施工

拍流水施工。它用于各种建筑安装工程的施工组织，特别是安装多台相同设备或管、线施工时，用这种组织施工效果较好。

（1）流水特征

1）各施工过程的流水节拍相等：如果有 $i=1，2，3，\cdots，n$ 个施工过程，在 $j=1，2，3，\cdots，m$ 个施工段上开展流水施工，则：

$$K_{11}=K_{12}=\cdots=K_{ij}=K_{nm}=K$$

式中　K_{11}——第1个施工过程在第1个施工段上的流水节拍；

　　　　K_{12}——第1个施工过程在第2个施工段上的流水节拍；

　　　　K_{ij}——第 i 个施工过程在第 j 个施工段上的流水节拍；

K_{nm}——第n个施工过程在第m个施工段上的流水节拍；

K——常数。

2）流水步距相等：由于各施工过程流水节拍相等，相邻两个施工过程的流水步距就等于一个流水节拍。即：

$$B_{1,2}=B_{2,3}=\cdots=B_{i,j+1}=B_{n-1,n}=K$$
$$B_{12}=B_{23}=\cdots=B_{i,j}=B_{mn}=K$$

3）施工专业队组数等于施工过程数，即每一个施工过程成立一个专业队组，完成所有施工段的施工任务。

4）各施工过程的施工速度相等。

5）施工队组连续作业，施工段没有闲置。

固定节拍流水施工，一般只适用于施工对象结构简单，工程规模较小，施工过程数不多的房屋工程或线型工程，如道路工程、管道工程等。由于固定节拍流水施工的流水节拍和流水步距是定值，局限性较大，且建筑工程多数施工较为复杂，因而在实际建筑工程中采用这种组织方式的并不多见，通常只用于一个分部工程的流水施工中。

（2）固定流水节拍主要参数的确定

1）施工段数m

①无层间关系或无施工层时，宜取$m=n$；

②有层间关系或有施工层时，施工段数m分下面两种情况确定：

无技术和组织间歇时，宜取$m=n$；

有技术和组织间歇时，为了保证各专业施工队组能连续施工，应取$m \geq n$。

2）流水施工的工期

因为

$$\sum B_{i,i+1}=(n-1)K+t_n=mK$$

所以

$$T=\sum B_{i,i+1}+t_n+\sum Z_{i,i+1}+\sum G_{i,i+1}-\sum C_{i,i+1}$$
$$=(m+n-1)\cdot K+\sum Z_{i,i+1}+\sum G_{i,i+1}-\sum C_{i,i+1}$$

（3）固定节拍流水施工组织示例见二维码资源。

6.2-2
固定节拍流水施工
示例

2. 知识点——成倍节拍流水施工

在进行固定节拍流水施工时，有时由于各施工过程性质、复杂程度不同，将其组织成固定节拍流水施工方式，通常很难做到。由于施工对象的客观原因，

6.2-3
成倍节拍流水施工

往往会遇到各施工过程在各施工段上的工程量不等或工作面差别较大，而出现持续时间不能相等的情况。此时，为了使各施工队组在各施工段上能连续地、均衡地开展施工，在可能的条件下，应尽量使各施工过程的流水节拍互成倍数，而组成成倍节拍流水施工。成倍节拍流水施工适用于安装大小不同的设备或在大小不同的场地上开展施工活动

的流水施工组织。

（1）流水特征

1）流水节拍不等，但互成倍数；

2）流水步距相等，并等于流水节拍的最大公约数；

3）施工专业队组数n'，大于施工过程数n；

4）各施工过程的流水速度相等；

5）专业队组能连续工作，施工段没有闲置。

成倍节拍流水施工适用于一般房屋建筑施工，也适用于线型工程（如道路、管道）的施工。

（2）成倍节拍流水施工的组织方式及参数确定

1）根据工程对象和施工要求，划分若干个施工过程；

2）根据各施工过程的内容、要求及其劳动量，计算每个施工过程在每个施工段上的劳动量；

3）根据施工班组人数及组成确定劳动量最少的施工过程的流水节拍；

4）确定其他劳动量较大的施工过程的流水节拍，用调整班组人数或其他技术组织措施的方法，使它们的节拍值分别等于最小节拍值的整倍数。

为充分利用工作面，加快施工进度，流水节拍大的施工过程应相应增加班组数，每个施工过程所需班组数可由下式确定：

$$n_i = K_i / K_{min}$$

式中　n_i——某施工过程所需施工班组数；

　　　K_i——某施工过程的流水节拍；

　　　K_{min}——所有施工过程中的最小流水节拍。

对于成倍节拍流水施工，任何两个相邻班组间的流水步距，均等于所有流水节拍中的最小流水节拍，即：

$$B_{i,i+1} = K_{min}$$

成倍节拍流水施工的工期可按下式计算：

$$T = (m + n' - 1) \cdot K_{min}$$

式中　n'——施工班组总数，$n' = \sum n_i$。

（3）成倍节拍流水施工组织示例见二维码资源

（4）成倍节拍流水施工的其他组织方式

6.2-4
成倍节拍流水施工示例

有时由于各施工过程之间的工程量相差很大，各施工队组的施工人数又有所不同，使不同施工过程在各施工段上的流水节拍无规律。

1）一般流水施工组织方式

一般节拍流水是指同一施工过程在各个施工段上的流水节拍相等，不同施工过程之间流水节拍既不相等也不成倍数的流水施工方式。

①一般流水施工的主要特点：

同一施工过程在各个施工段上的流水节拍相等，不同施工过程之间的流水节拍不全相等；

在多数情况下，流水步距彼此不相等而且流水步距与流水节拍二者之间存在着某种函数关系；

专业队组数等于施工过程数。

②一般流水施工主要参数的确定：

流水步距
$$B_{i,i+1} = \begin{cases} K_i & \text{当 } K_i \leq K_{i+1} \text{ 时} \\ mK_i - (m-1)K_{i+1} & \text{当 } K_i > K_{i+1} \text{ 时} \end{cases}$$

一般流水施工组织的工期可按下式计算：

$$T = \sum B_{i,i+1} + t_n$$

此时，t_n 代表最后一个施工过程的持续时间，可按下式计算：

$$t_n = m \cdot k_n$$

③一般流水组织示例见二维码数字资源

2）增加专业队组流水组织方式

按上例，若工期要求紧，采用增加工作班次，将第2个施工过程用3个专业队组进行三班作业；将第3个施工过程用2个专业队组进行两班作业。其施工进度计划图表见二维码数字资源。总工期为9天。

若采用成倍节拍流水施工，其施工进度计划见二维码数字资源，总工期为12天。

6.2-5
一般流水施工示例

6.2-6
增加专业队组加班
流水施工

6.2-7
不增加专业队组加班
流水施工

6.2-8
分别流水施工

3．知识点——分别流水施工

分别流水施工是指流水节拍无节奏的流水施工组织方式，是指同一施工过程在各施工段上的流水节拍不完全相等的一种流水施工方式，它是流水施工的普遍形式。

在实际工作中，有节奏流水，尤其是等节拍流水施工和成倍节拍流水施工往往是难以组织的，而无节奏流水则是常见的，组织无节奏流水的基本要求即保证各施工过程的工艺顺序合理和各施工班组尽可能依次在各施工段上连续施工。

（1）分别流水施工的流水特征

1）各施工过程在各施工段上的流水节拍不尽相等，也无统一规律；

2）各施工过程的施工速度也不尽相等，因此，两个相邻施工过程的流水步距也不尽相等，流水步距与流水节拍的大小与相邻施工过程相应施工段节拍差有关；

3）施工专业队组数等于流水施工过程数，即：$n'=n$；

4）施工专业队组连续施工，施工段可能有闲置。

一般来说，固定节拍、成倍节拍流水施工通常只适用于一个分部或分项工程中。

对于一个单位工程或大型复杂工程，往往很难要求按照相同的或成倍的时间参数组织流水施工。而分别流水施工的组织方式没有固定约束，允许某些施工过程的施工段闲置，因此，能够适应各种结构各异、规模不等、复杂程度不同的工程对象，具有更广泛的应用范围。

（2）分别流水施工主要参数的确定

1）流水步距$B_{i,i+1}$

可采用"累加数列法"的计算方法确定。

2）工期T

$$T = \sum B_{i,i+1} + t_n$$

3）分别流水施工组织示例见二维码数字资源。

分别流水施工不像等节拍流水施工和成倍节拍流水施工那样有一定的时间约束，在进度安排上比较灵活自由，适用于各种不同结构性质和规模的工程施工组织，实际应用比较广泛。

6.2-9
分别流水施工示例

在上述各种流水施工的基本方式中，固定节拍和成倍节拍流水通常在一个分部或分项工程中，组织流水施工比较容易做到，即比较适用于组织专业流水或细部流水。但对一个单位工程，特别是一个大型的建筑群来说，要求所划分的各分部、分项工程都采用相同的流水参数组织流水施工，往往十分困难，也不容易做到。

因此，到底采用哪一种流水施工的组织方式，除要分析流水节拍的特点外，还要考虑工期要求和项目经理部自身的具体施工条件。

任何一种流水施工的组织形式，仅仅是一种组织管理手段，其最终目的是要实现企业目标——工程质量好、工期短、成本低、效益高和安全施工。

6.2.4 问题思考

1. 单选题

（1）某分部工程由4个施工过程（Ⅰ、Ⅱ、Ⅲ、Ⅳ）组成，分为6个施工段。流水节拍均为3天，无组织间歇时间和工艺间歇时间，但施工过程Ⅳ需提前1天插入施工，该分部工程的工期为_____d。

A. 21   B. 24   C. 26   D. 27

（2）将一般的流水施工改变为加快的成倍节拍流水施工时，所采取的措施是_____。

A. 重新划分施工过程数   B. 改变流水节拍值

C. 增加专业工作队数   D. 重新划分施工段

（3）组织等节奏流水施工，首要的前提是_____。

A．使各施工段的工程量基本相等　　B．确定主导施工过程的流水节拍

C．各施工过程的流水节拍相等　　　D．调节各施工队的人数

（4）某工程分三个施工段组织流水施工，若甲、乙施工过程在各施工段上的流水节拍分别为5d、4d、1d和3d、2d、3d，则甲、乙两个施工过程的流水步距为_____d。

A．3　　　　　　　B．4　　　　　　　C．5　　　　　　　D．6

（5）所谓有节奏流水施工过程，即指_____。

A．同一施工过程在各个施工段上的持续时间相等

B．不同施工过程之间的流水节拍相等

C．不同施工过程之间的流水步距相等

D．各个施工过程连续、均衡施工

2．计算绘图题

（1）已知某施工任务划分为5个施工过程，分5段组织流水施工，流水节拍均为4d，在第二个施工过程结束后有2d的技术间歇时间，试计算其工期并绘制施工进度计划。

（2）有一设备安装工程，划分为4个施工过程，分5个施工段组织流水施工。每个施工过程在各段上持续时间为：二次搬运5d，现场组对10d，安装就位10d，调试运行5d。试分别按成倍节拍流水施工组织方式、一般流水施工组织方式计算流水施工工期，并绘制施工进度图表。

（3）根据下表所列各施工过程在施工段上的持续时间，计算流水步距和工期，并绘制施工进度图表。

施工段 ＼ 施工过程	一	二	三	四
1	4	3	2	1
2	2	4	3	4
3	3	3	2	1
4	2	3	1	2

CHAPTER 7

项目 7
网络计划技术

任务 7.1
双代号网络计划的编制方法

7.1.1 教学目标与思路

【教学目标】

知识目标	能力目标	素养目标	思政要素
1. 熟悉双代号网络图的基本符号； 2. 熟悉双代号网络图的基本逻辑关系表达方法； 3. 掌握双代号网络图的绘制方法及规则。	1. 能够辨析双代号网络图常见绘制错误并改正； 2. 能够用双代号网络图来表达简单的逻辑关系。	1. 有良好的资讯接收能力，具有信息的搜集、检索和分析能力； 2. 具有良好的团队协作能力，在团队中能准确表达观点，正确使用概念及术语。	1. 培养严谨的工作作风； 2. 树立科学发展的观念，培养以人为本的思想。

【学习任务】熟练掌握双代号网络图的基本符号、逻辑关系表达方法，通过训练能够正确绘制双代号网络图，并且对绘制好的双代号网络图具有初步的纠错、优化的能力。

【建议学时】4~6学时

【思维导图】

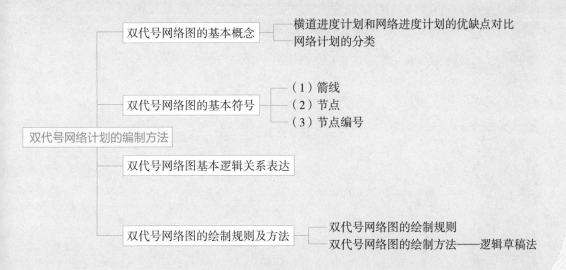

7.1.2 学生任务单

任务名称	双代号网络计划的编制方法	
学生姓名	班级学号	
同组成员		
负责任务		
完成日期	完成效果	
	教师评价	

学习任务	1. 掌握双代号网络图的基本符号及逻辑表达方法； 2. 掌握双代号网络图的绘制方法； 3. 掌握双代号网络图常见的错误表达及优化方法。		
自学简述	课前预习	学习内容、浏览资源、查阅资料	
	拓展学习	任务以外的学习内容	
任务研究	完成步骤	用流程图表达	

任务研究	任务分工	任务分工	完成人	完成时间

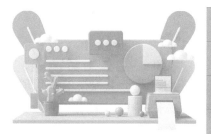

	本人任务	
	角色扮演	
	岗位职责	
	提交成果	

任务实施	完成步骤	第1步		
		第2步		
		第3步		
		第4步		
		第5步		
	问题求助			
	难点解决			
	重点记录	完成任务过程中，用到的基本知识、公式、规范、方法和工具等		成果提交
学习反思	不足之处			
	待解问题			
	课后学习			

过程评价	自我评价（5分）	课前学习	时间观念	实施方法	知识技能	成果质量	分值
	小组评价（5分）	任务承担	时间观念	团队合作	知识技能	成果质量	分值

7.1.3 知识与技能

1. 知识点——双代号网络图的基本概念

网络计划技术是一种有效的系统分析和优化技术。它来源于工程技术和管理实践，又广泛地应用于军事、航天和工程管理、科学研究、技术发展、市场分析和投资决策等各个领域，并在诸如保证和缩短时间、降低成本、提高效率、节约资源等方面取得了显著的成效。我国引进和应用网络计划理论，除国防科研领域外，以土木建筑工程建设领域最早，并且在有组织地推广、总结和研究这一理论方面的历史也最长。

自20世纪50年代以来，国外陆续出现了一些计划管理的新方法，其中最基本的是关键线路法（CPM）和计划评审技术（PERT）。由于这些方法是建立在网络图的基础上的，因此统称为网络计划方法。

（1）横道进度计划和网络进度计划的优缺点对比

横道进度计划有其固有的优点，例如简单明了、直观易懂、容易掌握、便于检查和计算资源需求状况等。当然，横道图在应用的同时也有非常显著的缺陷，最显著的缺陷是不能全面而明确地表达出各项工作开展的先后顺序和反映出各项工作之间的相互制约和相互依赖的关系，以及不能在名目繁多、错综复杂的计划中找出决定工程进度的关键工作，便于抓主要矛盾，确保工期，避免盲目施工，难以在有限的资源下合理组织施工、挖掘计划的潜力、不能准确评价计划经济指标、不能应用现代化计算技术等。

网络计划技术的基本原理是应用网络图形来表达一项计划（或工程）中各项工作的开展顺序及其相互之间的关系，通过对网络图进行时间参数的计算，找出计划中的关键工作和关键线路，通过不断改进网络计划，寻求最优方案，在计划执行过程中对计划进行有效的控制与监督，保证合理地使用人力、物力和财力，以最小的消耗取得最大的经济效果。

相比之下，网络除了相对而言直观性比较差之外（双代号时标网络图除外），其具有显著的优点，比如工作与工作之间的逻辑关系清晰，能通过计算找出关键工作及关键线路，有利于资源的集中重点使用，易于进行计划的优化和调整，更重要的是便于利用现代计算机技术等。

（2）网络计划的分类

1）根据计划最终目标的多少，网络计划可分为：单目标网络计划和多目标网络计划。

7.1-1
单目标、多目标网络计划

注意：建筑安装工程中使用的网络计划均属于单目标的网络计划，其只有一个起点，且只有一个终点。

2）按网络计划层次分类

根据计划的工程对象不同和使用范围大小，网络计划可分为局部网络计划、单位工程网络计划和综合网络计划。

①局部网络计划：以一个分部工程或施工段为对象编制的网络计划称为局部网络计划。

②单位工程网络计划：以一个单位工程为对象编制的网络计划称为单位工程网络计划。

③综合网络计划：以一个建筑项目或建筑群为对象编制的网络计划称为综合网络计划。

3）按网络计划的时间表达方式分类

根据计划时间的表达不同，网络计划可分为时标网络计划和非时标网络计划。

①时标网络计划：工作的持续时间以时间坐标为尺度绘制的网络计划称为时标网络计划。

②非时标网络计划：工作的持续时间以数字形式标注在箭线下面绘制的网络计划称为非时标网络计划。

4）按网络计划的表达方式分类

网络计划中，按节点和箭线所代表的含义不同，可分为双代号网络图和单代号网络图两大类。

双代号网络图是以箭线及其两端节点的编号表示工作的网络图。单代号网络图是用一个圆圈代表一项活动，并将活动名称写在圆圈中。箭线符号仅用来表示相关活动之间的顺序，不具有其他意义，因其活动只用一个符号就可代表，故称为单代号网络图。

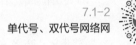

7.1-2
单代号、双代号网络网

后续的内容中，将以一般的双代号网络图的介绍和学习为主。

2. 知识点——双代号网络图的基本符号

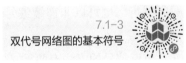
7.1-3
双代号网络图的基本符号

双代号网络图的基本符号是箭线、节点及节点编号。

（1）箭线

网络图中一端带箭头的实线即为箭线。在双代号网络图中，它与其两端的节点表示一项工作。

双代号网络图中的一项工作可以用其两端的数字代号表示为：工作 $i-j$。

箭线表达的内容有以下几个方面：

1）一根箭线表示一项工作或表示一个施工过程。如何确定一项工作的范围取决于所绘制的网络计划的作用（控制性或指导性）。

2）一根箭线表示一项工作所消耗的时间和资源，分别用数字标注在箭线的下方和上方。只消耗时间而不消耗资源的工作，如混凝土养护、砂浆找平层干燥等技术间歇，若单独考虑时，也应作为一项工作对待。

3）在无时间坐标的网络图中，箭线的长度不代表时间的长短，画图时原则上是任意的，但必须满足网络图的绘制规则。在有时间坐标的网络图中，其箭线的长度必须根据完成该项工作所需时间长短按比例绘制。

4）箭线的方向表示工作进行的方向和前进的路线，箭尾表示工作的开始，箭头表示工作的结束。

5）箭线可以画成直线、折线和斜线。必要时，箭线也可以画成曲线，但应以水平直线为主，一般不宜画成垂直线。

（2）节点

网络图中箭线端部的圆圈或其他形状的封闭图形就是节点。在双代号网络图中，它表示工作之间的逻辑关系，节点表达的内容有以下几个方面：

1）节点表示前面工作结束和后面工作开始的瞬间，所以节点不需要消耗时间和资源。

2）箭线的箭尾节点表示该工作的开始，箭线的箭头节点表示该工作的结束。

3）根据节点在网络图中的位置不同可以分为起点节点、终点节点和中间节点。起点节点是网络图的第一个节点，表示一项任务的开始。终点节点是网络图的最后一个节点，表示一项任务的完成。除起点节点和终点节点外的节点称为中间节点，中间节点都有双重的含义，既是前面工作的箭头节点，也是后面工作的箭尾节点。

（3）节点编号

节点编号必须满足两条基本规则：

其一，箭头节点编号大于箭尾节点编号。因此节点编号顺序是：箭尾节点编号在前，箭头节点编号在后，凡是箭尾节点没编号，箭头节点不能编号；

其二，在一个网络图中，所有节点不能出现重复编号。编号的号码可以按自然数顺序进行，也可以非连续编号，以便适应网络计划调整中增加工作的需要，编号留有余地。

节点编号的方法有两种：

一种是水平编号法，即从起点节点开始由上到下（自下而上、自中而上而下等）逐行编号，每行则自左到右按顺序编号。

另一种是垂直编号法，即从起点节点开始自左到右逐列编号，每列则根据编号规则的要求进行编号。

7.1-4
节点编号法

3. 知识点——双代号网络图基本逻辑关系表达

（1）工作之间的逻辑关系

工作之间相互制约或依赖的关系称为逻辑关系。工作之间的逻辑关系包括：工艺关系和组织关系。

7.1-5
工艺关系与组织关系

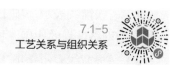

1）工艺关系

工艺关系是指生产工艺上客观存在的先后顺序关系，或者是非生产性工作之间由工作程序决定的先后顺序关系。

2）组织关系

组织关系是指在不违反工艺关系的前提下，人为安排的工作的先后顺序关系。

在绘制网络图时，工艺关系相对的要严格遵守，避免出现错误，组织关系由于是人为安排，相对而言调整余地较大。

（2）工作之间的先后顺序关系

7.1-6
工作之间的先后顺序

紧前工作：就某一工作而言，紧靠其前的工作称为该工作的紧前工作；

紧后工作：就某一工作而言，紧靠其后的工作称为该工作的紧后工作；

平行工作：就某一工作而言，与之同时平行进行的工作称为该工作的平行工作；

本工作：该工作本身则为本工作；

起点工作：就某一工作而言，没有紧前工作的工作称为起点工作；

终点工作：就某一工作而言，没有紧后工作的工作称为终点工作。

（3）内向箭线和外向箭线

1）内向箭线：指向某个节点的箭线称为该节点的内向箭线。

2）外向箭线：从某节点引出的箭线称为该节点的外向箭线。

（4）虚工作及其运用

双代号网络计划中，只表示前后相邻工作之间的逻辑关系，既不占用时间，也不耗用资源的虚拟的工作称为虚工作。虚工作用虚箭线表示，其表达形式可垂直方向向上或向下，也可水平方向向右，虚工作起着联系、区分、断路三个作用。

1）联系

用于建立应有的逻辑联系，或者联系不同子项的工作。

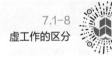

7.1-7
虚工作的联系

2）区分

双代号网络计划是用两个代号表示一项工作。如果两项工作用同一代号，则不能明确表示出该代号表示哪一项工作。因此，不同的工作必须用不同代号。可以在不同的位置添加节点和虚工作起到区分的作用。

7.1-8
虚工作的区分

3）断路

为正确表达逻辑关系，在出现逻辑错误的节点之间增加新节点，并重新用虚工作表达逻辑关系，经过整理后，可以得到一张正确的网络图。

7.1-9
出现多余联系错误的
网络图

双代号网络图中，虚工作的作用是非常重要的，但在应用中应该恰如其分，不能滥用，以必不可少为限。另外，增加虚工作后要进行全面检查，不要顾此失彼。

7.1-10
正确的网络图

（5）线路、关键线路和关键工作

1）线路

网络图中从起点节点开始，沿箭线方向连续通过一系列箭线与节点，最后到达终点节点的通路称为线路。一个网络图中，从起点节点到终点节点，一般都存在着许多条线路。

2）关键线路和关键工作

每一条线路都有自己确定的完成时间，它等于该线路上各项工作持续时间的总和，也是完成这条线路上所有工作的计划工期。工期最长的线路称为关键线路（或主要矛盾线）。位于关键线路上的工作称为关键工作。

7.1-11
关键线路和关键工作

关键工作完成得快慢直接影响整个计划工期的实现，关键线路可以用彩色箭线、粗箭线或双箭线来突出表示。

值得注意的是，关键线路在网络图中不止一条，可能同时存在着几条关键线路，即这几条线路上的持续时间相同。关键线路并不是一成不变的，在一定条件下，关键线路和非关键线路可以互相转化。当采用了一定的技术组织措施，缩短了关键线路上各工作的持续时间，就有可能使关键线路发生转移，使原来的关键线路变成非关键线路，而原来的非关键线路却变成关键线路。

另外，短于但接近于关键线路持续时间的线路称为次关键线路，其余的线路均称为非关键线路。位于非关键线路的工作除关键工作外，其余称为非关键工作，它有机动时间（即时差），非关键工作也不是一成不变的，它可以转化为关键工作，利用非关键工作的机动时间可以科学地、合理地调配资源和对网络计划进行优化。

4. 知识点——双代号网络图的绘制规则及方法

（1）双代号网络图的绘制规则

1）必须正确表达各项工作之间的相互制约和相互依赖的关系。

7.1-12
双代号网络图逻辑关系

在网络图中，根据施工顺序和施工组织的要求，正确地反映各项工作之间的相互制约和相互依赖关系。

2）在网络图中，严禁出现循环回路。

3）双代号网络图中，在节点之间严禁出现带双向箭头或无箭头的连线。

4）双代号网络图中严禁出现没有箭头节点或没有箭尾节点的箭线。

5）双代号网络图中的箭线宜保持自左向右的方向，不宜出现箭头指向左方的水平箭头和箭头偏向左方的斜向箭线。

6）双代号网络图中，一项工作只有唯一的一条箭线和相应的一对节点编号。

7）绘制网络图时，尽可能避免交叉。当交叉不可避免且交叉较少时，可采用过桥法，当箭线交叉过多时，可使用指向法。为了避免出现箭尾节点的编号大于箭头节点的编号情况，指向法一般只在网络图编号后采用。

8）双代号网络图中，只允许有一个起点节点，不是分期完成任务的网络图中，只允许有一个终点节点，而其他所有节点均是中间节点。

9）当双代号网络图的某些节点有多条外向箭线或多条内向箭线时，在保证一项工作有唯一的一条箭线和对应的一对节点编号前提下，允许用母线法绘图。

只有在开始节点（和结束节点）中有多个外向（内向）箭线时可采用母线法。

以上是绘制网络图应遵循的基本规则。这些规则是保证网络图能够正确地反映各项工作之间相互制约关系的前提，我们要熟练掌握。

（2）双代号网络图的绘制方法——逻辑草稿法

7.1-13
逻辑草稿法绘制
双代号网络图

先根据网络图的逻辑关系，绘制出网络图草图，再结合绘图规则进行调整布局，最后形成正式网络图。当已知每一项工作的紧前工作时，可按下述步骤绘制双代号网络图：

1）绘制没有紧前工作的工作，使它们具有相同的箭尾节点，即起点节点。

2）依次绘制其他各项工作。这些工作的绘制条件是将其所有紧前工作都已经绘制出来。绘制原则为：

①当所绘制的工作只有一个紧前工作时，则将该工作的箭线直接画在其紧前工作的完成节点之后即可。

②当所绘制的工作有多个紧前工作时，应按以下四种情况分别考虑：

a. 如果在其紧前工作中存在一项只作为本工作紧前工作的工作（即在紧前工作栏目中，该紧前工作只出现一次），则应将本工作的箭线直接画在该紧前工作完成节点之后，然后用虚箭线分别将其他紧前工作的完成节点与本工作的开始节点相连，以表达它们之间的逻辑关系。

b. 如果在紧前工作中存在多项只作为本工作紧前工作的工作，应先将这些紧前工作的完成节点合并（利用虚工作或直接合并），再从合并后的节点开始，画出本工作箭线，最后用虚箭线将其他紧前工作的箭头节点分别与工作开始节点相连，以表达它们之间的逻辑关系。

c. 如果不存在情况a、b，应判断本工作的所有紧前工作是否都同时作为其他工作的紧前工作（即紧前工作栏目中，这几项紧前工作是否均同时出现若干次）。如果这样，应先将它们完成节点合并后，再从合并后的节点开始画出本工作箭线。

d. 如果不存在情况a、b、c，则应将本工作箭线单独画在其紧前工作箭线之后的中部，然后用虚工作将紧前工作与本工作相连，表达逻辑关系。

③合并没有紧后工作的箭线，即为终点节点。

④确认无误，进行节点编号。

3）绘制双代号网络图注意事项

①网络图布局要条理清楚，重点突出

虽然网络图主要用以表达各工作之间的逻辑关系，但为了使用方便，布局应条理清楚，层次分明，行列有序，同时还应突出重点，尽量把关键工作和关键线路布置在中心位置。

②正确应用虚箭线进行网络图的断路

应用虚箭线进行网络断路，是正确表达工作之间逻辑关系的关键。

③力求减少不必要的箭线和节点

双代号网络图中，应在满足绘图规则和两个节点一根箭线代表一项工作的原则基础上，力求减少不必要的箭线和节点，使网络图图面简洁，减少时间参数的计算量。

④网络图的分解

当网络图中的工作任务较多时，可以把它分成几个小块来绘制。

7.1.4 问题思考

1. 单选题

（1）在网络计划中，若某工作的（   ），则该工作必为关键工作。

A. 自由时差最小   B. 持续时间   C. 总时差为零   D. 时间间隔

（2）下列有关虚工序的错误说法是（   ）。

A. 虚工序只表示工序之间的逻辑关系，并不是一项真实的工作

B. 混凝土养护可用虚工序表示，因为其一般不消耗资源和劳动力

C. 只有双代号网络图中才有虚工序，而单代号网络图中没有虚工作进行表示

D. 虚工作一般用虚箭线表示，以区别于实际工作

（3）在双代号网络图中的虚工作的作用不包含（   ）。

A. 联系   B. 指向   C. 区分   D. 断路

（4）双代号网络图的三要素是指（   ）。

A. 节点、箭线、工作持续时间   B. 紧前工作、紧后工作、关键线路

C. 工作、节点、线路   D. 工期、关键线路、非关键线路

（5）下列有关箭线的说法错误的是（   ）。

A. 实工作用实箭线，虚工作用虚箭线

B. 每项实工作必定要消耗时间和资源

C. 实工作的绘制采用任意实线都可以

D. 如果没有时间坐标，实箭线可以是任意长度

2. 计算绘图题

（1）已知各工作的逻辑关系见下表，试按要求绘出双代号网络图。

工作	A	B	C	D	E	G
紧前工作	—	—	—	B	B	C、D

（2）已知某施工过程的逻辑关系见下表，请补充完整紧前紧后工作，并试绘制双代号网络图。

工作	A	B	C	D	E	F	G	H
紧前工作	—	—	—	A	A、B	B、C	D、E	E、F

3．问答题

（1）与横道图相比，网络进度计划的优点是什么？

（2）双代号网络图为什么不能出现循环回路，如何有效避免？

（3）双代号网络图节点编号有哪些规则？

（4）在双代号网络图中，如何确定关键线路及关键工作？

7.1.5　知识拓展

7.1-14　单代号网络图

7.1-15　双代号时标网络图

7.1-16　单代号搭接网络图

任务 7.2
双代号网络计划时间参数的计算

7.2.1 教学目标与思路

【教学目标】

知识目标	能力目标	素养目标	思政要素
1. 熟练掌握双代号网络图时间参数的基本概念及符号表达； 2. 掌握双代号网络图时间参数的计算方法。	1. 能熟练用符号表达双代号网络图的时间参数； 2. 能够用工作计算法列式计算各时间参数； 3. 能够用图上计算法快速计算时间参数。	1. 有良好的资讯接收能力，具有信息的搜集、检索和分析能力； 2. 具有良好的团队协作能力，在团队中能准确表达观点，正确使用概念及术语。	1. 培养严谨的工作作风； 2. 树立科学发展的观念，培养以人为本的思想。

【学习任务】通过学习熟练掌握双代号网络图时间参数的基本概念、符号表达方法和计算方法，能够使用图上计算法快速计算工作的时间参数。

【建议学时】4~6学时

【思维导图】

7.2.2 学生任务单

任务名称	双代号网络计划时间参数的计算	
学生姓名	班级学号	
同组成员		
负责任务		
完成日期	完成效果	
	教师评价	

学习任务	1. 掌握双代号网络图时间参数的基本概念； 2. 掌握双代号网络图时间参数的符号表达； 3. 掌握使用图上计算法快速计算时间参数的方法。

自学简述	课前预习	学习内容、浏览资源、查阅资料
	拓展学习	任务以外的学习内容

任务研究	完成步骤	用流程图表达		
	任务分工	任务分工	完成人	完成时间

	本人任务	
	角色扮演	
	岗位职责	
	提交成果	

		第1步	
任务实施	完成步骤	第2步	
		第3步	
		第4步	
		第5步	
	问题求助		
	难点解决		
	重点记录	完成任务过程中，用到的基本知识、公式、规范、方法和工具等	成果提交
学习反思	不足之处		
	待解问题		
	课后学习		

		课前学习	时间观念	实施方法	知识技能	成果质量	分值
过程评价	自我评价（5分）						
		任务承担	时间观念	团队合作	知识技能	成果质量	分值
	小组评价（5分）						

7.2.3　知识与技能

本部分了解时间参数的概念是为了后续内容中将相应的时间参数计算出来，为工程管理中的进度控制和费用控制提供数值依据。

计算网络计划时间参数的目的主要有三个：

第一，确定关键线路和关键工作，便于施工中抓住重点，向关键线路要时间；

第二，明确非关键工作及其在施工中时间上有多大的机动性，便于挖掘潜力，统筹全局，部署资源；

第三，确定总工期，做到工程进度心中有数。

双代号网络图时间参数的计算方法分类比较复杂，称呼也比较多，总体来说通常有工作计算法、节点计算法、图上计算法和表上计算法四种。我们一般采用工作时间图上计算法。

工作时间计算法的图上计算过程：首先沿网络图箭线方向从左往右，依次计算各项工作的最早可以开始时间并确定计划工期，其次，逆箭线方向从右往左，依次计算各项工作的最迟必须开始时间，随后是计算工作的总时差和自由时差。并且，所有的时间参数按照一定顺序排列并标注在图上。

7.2-1
时间参数标注符号

1. 知识点——双代号网络计划时间参数的基本概念及符号

（1）工作持续时间

工作持续时间是指一项工作从开始到完成的时间，用 D 表示，一般写成 D_{i-j}。

其计算方法有：

1）参照以往实践经验估算；

2）经过试验推算；

3）有标准可查，按定额计算。

（2）工期

工期是指完成一项工作所需要的时间，一般有以下三种工期：

1）计算工期：是指根据时间参数计算所得的工期，用 T_c 表示；

2）要求工期：是指任务委托人提出的指令性工期，用 T_r 表示；

3）计划工期：是指根据要求工期和计划工期所确定的作为实施目标的工期，用 T_p 表示。

当规定了要求工期时：$T_p \leqslant T_r$

当未规定要求工期时：$T_p = T_r$

（3）网络计划中工作的时间参数

网络计划中工作的时间参数有6个：最早开始时间、最迟开始时间、最早完成时间、最迟完成时间、总时差、自由时差。

1）最早开始时间和最早完成时间

工作最早开始时间是指各紧前工作全部完成后，本工作有可能开始的最早时刻。本工作i-j的最早开始时间用ES_{i-j}表示。

工作最早完成时间是指各紧前工作完成后，本工作有可能完成的最早时刻。本工作i-j的最早完成时间用EF_{i-j}表示。

2）最迟开始时间和最迟完成时间

工作最迟完成时间是指在不影响整个任务按期完成的前提下，本工作i-j必须完成的最迟时刻。工作的最迟完成时间用LF_{i-j}表示。

工作的最迟开始时间是指在不影响整个任务按期完成的前提下，工作必须开始的最迟时刻。本工作i-j的最迟开始时间用LS_{i-j}表示。

3）总时差和自由时差

工作总时差是指在不影响总工期的前提下，本工作可以利用的机动时间。本工作i-j的总时差用TF_{i-j}表示。

工作自由时差是指在不影响其紧后工作最早开始时间的前提下，本工作可以利用的机动时间。本工作i-j的自由时差用FF_{i-j}表示。

（4）网络计划中节点的时间参数

节点的时间参数的概念及计算方法和工作的时间参数较为类似，下面简单介绍一下节点时间参数的种类、符号表示以及计算及过程。

1）节点最早时间

节点最早时间是指双代号网络计划中，以该节点为开始节点的各项工作的最早开始时间。节点i的最早时间用ET_i表示。

2）节点最迟时间的计算

节点最迟时间是指双代号网络计划中，以该节点为完成节点的各项工作的最迟完成时间。

指定工期时：终止节点最迟时间TL_n=指定工期或合同工期。

无工期要求时：$TL_n=TE_n$，原因是在制定工程计划时，总希望计划能尽早实现。

故此相对于终止节点，每个节点均有一个最迟时间，j是i的任一紧后工序末节点。则$TL_i=\min\{TL_j-D_{ij}\}$

Δ注：计算口诀：节点最早时间"沿线累加、逢圈取大"；节点最迟时间"逆线累减，逢圈取小"。

（5）双代号网络计划常用符号

设有线路h-i-j-k，则：

D_{i-j}——i—j工作的持续时间；

ES_{i-j}——i—j工作的最早开始时间；

LS_{i-j}——i—j工作的最迟开始时间；

EF_{i-j}——i—j工作的最早完成时间；

LF_{i-j}——i—j工作的最迟完成时间；

TF_{i-j}——i—j工作的总时差；

FF_{i-j}——i—j工作的自由时差。

ET_i——i节点的最早时间；

ET_j——j节点的最早时间；

LT_i——i节点的最迟时间；

LT_j——j节点的最迟时间。

（6）各时间参数之间的相互关系

各时间参数之间具有一定的关联性，为便于理
解，各个时间参数见二维码资源。

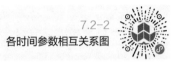

7.2-2
各时间参数相互关系图

其中可以看到，自由时差与总时差是相互关联
的。动用本工作自由时差不会影响紧后工作的最早开始时间，而动用本工作总时差超过
本工作自由时差，则会相应减少紧后工作拥有的时差，并会引起该工作所在线路上所有
其他非关键工作时差的重新分配。

2. 知识点——双代号网络计划早时间的计算

（1）最早开始时间和最早完成时间

这类时间参数受起点节点的控制。其计算程序是：自起点节点开始，顺着箭线方
向，用累加的方法计算到终点节点。即：沿线累加，逢圈取大。

本工作i—j的最早开始时间ES_{i-j}的计算应符合下列规定：

1）工作i—j的最早开始时间ES_{i-j}应从网络计划的起点节点开始，顺箭线方向依次逐
项计算；

2）以起点节点为完成节点的工作i—j，当规定其最早开始时间ES_{i-j}时，其值应等于
零，即：$ES_{i-j}=0$（$i=1$）。

3）当工作只有一项紧前工作时，其最早开始时间应为：

$$ES_{i-j} = ES_{h-i} + D_{h-i} \qquad (7.2-1)$$

4）当工作有多个紧前工作时，其最早开始时间应为：

$$ES_{i-j} = \max\{ES_{h-i} + D_{h-i}\} \qquad (7.2-2)$$

5）工作的最早完成时间

$$EF_{i-j} = ES_{i-j} + D_{i-j} \qquad (7.2-3)$$

（2）确定网络计划工期

当网络计划规定了要求工期时：$T_p \leqslant T_r$

当网络计划未规定要求工期时：$T_p = T_r = \max\{EF_{i-n}\}$

（3）示例见二维码资源

7.2-3
计划早时间的计算

3．知识点——双代号网络计划迟时间的计算

（1）最迟开始时间和最迟完成时间

7.2-4
计划迟时间的计算

这类时间参数受终点节点（即计算工期）的控制。

其计算程序是：自终点节点开始，逆着箭线方向，用累减的方法计算到起点节点。即：逆线累减，逢圈取小。

1）工作$i—j$的最迟完成时间LF_{i-j}应从网络计划的终点节点开始，逆着箭线方向依次逐项计算。

2）以终点节点（$j=n$）为箭头节点的工作最迟完成时间LF_{i-n}，应按网络计划的计划工期T_p确定，即：

$$LF_{i-n}=T_p$$

3）其他工作$i—j$的最迟完成时间LF_{i-j}应按下式计算：

$$LF_{i-j} = \min\{LF_{j-k} - D_{j-k}\} \tag{7.2-4}$$

4）工作的最迟开始时间

$$LS_{i-j}= LF_{i-j} - D_{i-j} \tag{7.2-5}$$

（2）示意图扫码如图所示

4．知识点——双代号网络计划时差的计算

（1）计算各工作总时差

7.2-5
计划时差的计算

总时差等于最迟开始时间减去最早开始时间，或最迟完成时间减去最早完成时间。即：

$$TF_{i-j} = LS_{i-j} - ES_{i-j}或 TF_{i-j} = LF_{i-j} - EF_{i-j} \tag{7.2-6}$$

总时差有以下特征

1）凡是总时差最小的工作即为关键工作，由关键工作构成的线路为关键线路，关键线路上各工作时间之和即为总工期。

2）当网络计划的计划工期等于计算工期时，凡是总时差为0的工作即为关键工作，即可用时间参数判断关键线路。

3）总时差的使用具有双重性，它既可以被该工作使用，但又属于某非关键线路所共有。

4）工序总时差并不等于该工序所在线路的线路时差。

（2）计算工作的自由时差

根据自由时差的概念可以知道自由时差的计算如下：

1）当工作有紧后工作时，该工作的自由时差等于紧后工作的最早开始时间减去本工作的最早完成时间。

$$FF_{i-j} = ES_{j-k} - EF_{i-j} \tag{7.2-7}$$

2）当以终点节点为箭头节点的工作，其自由时差应按照网络计划的计划工期T_p确定。

$$FF_{i-n} = T_p - EF_{i-n}或FF_{i-n} = T_p - ES_{i-n} - D_{i-n} \tag{7.2-8}$$

说明

1）并非所有工序都拥有自由时差，只有非关键线路上的最后一个工序或者两条线路相交节点的紧前工序，才有可能具有自由时差。

2）任一线路的线路时差等于该线路上各工序自由时差之和。

同时，自由时差有以下特征：

1）自由时差为某非关键工作独立使用的机动时间，利用自由时差，不会影响其紧后工作的最早开始时间。

2）非关键工作的自由时差必小于或等于其总时差。

7.2.4　问题思考

1. 单选题

（1）网络计划中，工作最早开始时间应为（　　）。

A. 所有紧前工作最早完成时间的最大值

B. 所有紧前工作最早完成时间的最小值

C. 所有紧前工作最迟完成时间的最大值

D. 所有紧前工作最迟完成时间的最小值

（2）关于自由时差和总时差，下列说法中错误的是（　　）。

A. 自由时差为零，总时差必定为零

B. 当要求工期等于计算工期时，总时差为零，自由时差必为零

C. 不影响总工期的前提下，工作的机动时间为总时差

D. 不影响紧后工作最早开始时间的前提下，工作的机动时间为自由时差

（3）在工程双代号网络图中，当要求工期等于计划工期时，以下选项中哪一种为关键工作（　　）。

A. 自由时差为零　　　　　　　　B. 总时差为零

C. 持续时间为零　　　　　　　　D. 以上均不对

（4）双代号网络图中，采用图上计算法计算时间参数时，时间参数一般标注在（　　）。

A. 工作的正上方　　B. 工作的正下方　　C. 任意位置均可　　D. 以上都不对

（5）只利用工作的自由时差，其结果是（　　）。

A. 不会影响紧后工作，也不会影响工期

B. 不会影响紧后工作，但会影响工期

C. 会影响紧后工作，但不会影响工期

D. 会影响紧后工作和工期

2．计算绘图题

（1）采用图上计算法计算下图所示双代号网络图各节点时间参数和各工作时间参数，找出关键工作和关键线路，并计算工期。

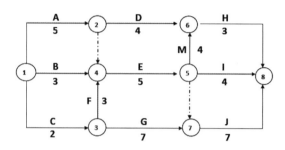

（2）已知某网络图的逻辑关系如下表所示，绘制双代号网络图、确定紧后工作，并采用图上计算法确定各工作的时间参数。

工作	A	B	C	D	E	F	G	H	I	J	K
紧前工作	—	A	A	B	B	E	A	DC	E	FGH	IJ
施工时间	3	2	3	5	2	6	4	8	7	6	4

3．问答题

（1）如果线路上工作的计划工作时间发生变化，此时工期、关键线路以及关键线路的数量将相应做如何调整？

（2）如何利用时间参数来判断关键线路和关键工作？

7.2.5 知识拓展

7.2-6 单代号网络图时间参数的计算	7.2-7 单代号搭接网络图时间参数的计算	7.2-8 关键工作、关键线路和时差的确定

CHAPTER 8

项目 8

单位工程施工
组织设计

任务 8.1 施工组织设计概述

任务 8.2 单位工程施工组织设计的编制

任务 8.1 施工组织设计概述

8.1.1 教学目标与思路

【教学目标】

知识目标	能力目标	素养目标	思政要素
1. 掌握单位工程施工组织设计的分类； 2. 熟悉单位工程施工组织设计的编制依据和编写内容。	1. 能说明单位工程施工组织设计的组成部分； 2. 能搜集各种参考文件。	1. 具有良好倾听的能力，能有效地获得各种资讯； 2. 能正确表达自己思想，学会理解和分析问题。	1. 培养按计划工作的工作态度； 2. 树立以人为本，预防为主，安全第一的思想。

【学习任务】对施工组织设计的分类、单位工程施工组织涉及的编制依据、主要内容有一个全面的了解，为编制单位工程施工组织设计打下基础。

【建议学时】2学时

【思维导图】

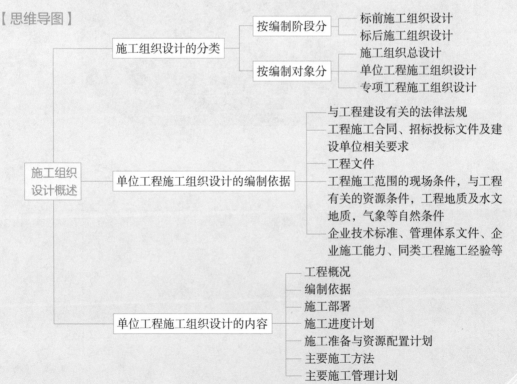

8.1.2 学生任务单

任务名称	施工组织设计概述	
学生姓名	班级学号	
同组成员		
负责任务		
完成日期	完成效果	
	教师评价	

学习任务	1. 了解施工组织设计的分类； 2. 掌握单位工程施工组织设计的编制依据； 3. 掌握单位工程施工组织设计的内容。		
自学简述	课前预习	学习内容、浏览资源、查阅资料	
	拓展学习	任务以外的学习内容	
任务研究	完成步骤	用流程图表达	
	任务分工	任务分工　　完成人　　完成时间	

任务分工	完成人	完成时间

	本人任务	
	角色扮演	
	岗位职责	
	提交成果	

任务实施	完成步骤	第1步	
		第2步	
		第3步	
		第4步	
		第5步	
	问题求助		
	难点解决		
	重点记录	完成任务过程中，用到的基本知识、公式、规范、方法和工具等	成果提交

学习反思	不足之处	
	待解问题	
	课后学习	

过程评价	自我评价（5分）	课前学习	时间观念	实施方法	知识技能	成果质量	分值
	小组评价（5分）	任务承担	时间观念	团队合作	知识技能	成果质量	分值

8.1.3 知识与技能

施工组织设计是用以指导施工组织与管理、施工准备与实施、施工控制与协调、资源的配置与使用等全面性的技术、经济文件，是对施工活动的全过程进行科学管理的重要手段。通过编制施工组织设计文件，可以针对工程的特点，根据施工环境的各种具体条件，按照客观的规律施工。

1. 知识点——施工组织设计的分类

（1）按编制阶段分类

可分为标前施工组织设计和标后施工组织设计两种类型。

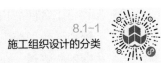

8.1-1
施工组织设计的分类

①标前施工组织设计又称施工组织设计纲要，是项目投标阶段依据初步设计和招标文件编制，对投标项目的施工布局做出总体安排以满足投标需要，是原则性的施工组织规划。

②标后施工组织设计是项目实施阶段依据施工组织设计纲要、施工图设计和合同文件编制，对实施项目的施工过程做出全面安排以满足履约需要，是可操作的施工组织规划。

（2）按编制对象分类

可分为施工组织总设计、单位工程施工组织设计和专项工程施工组织设计三种类型。属于标后施工组织设计。

①施工组织总设计是以整体工程或若干个单位工程组成的群体工程为主要对象编制，对整个项目的施工全过程起统筹规划和重点控制的作用，是编制单位工程施工组织设计和专项工程施工组织设计的依据。

②单位工程施工组织设计是以单位（子单位）工程为主要对象编制，对单位（子单位）工程的施工过程起指导和制约的作用，是施工组织总设计的进一步具体化，直接指导单位（子单位）工程的施工管理和技术经济活动。

③专项工程施工组织设计又称为分部（分项）工程施工组织设计，是以分部（分项）工程或专项工程为主要对象编制，对分部（分项）工程或专项工程的作业过程起具体指导和制约的作用。通常情况下，对于复杂及特殊作业过程，如技术难度大、工艺复杂、质量要求高、新工艺和新产品应用的分部（分项）工程或专项工程需要编制进一步细化的施工技术与组织方案，因此专项工程施工组织设计也称为施工方案。

施工组织总设计、单位工程施工组织设计和分部分项工程施工组织设计之间有以下关系，施工组织总设计是对整个建设项目的全局性战略部署，其内容和范围比较概括，单位工程施工组织设计是在施工组织总设计的控制下，以施工组织总设计和企业施工计划为依据编制的，针对具体的单位工程，把施工组织总设计的内容具体化，分部分项工程施工组织设计是以施工组织总设计、单位工程施工组织设计和企业施工计划为依据编制的，针对具体的分部分项工程，把单位工程施工组织设计进一步具体化，它是专业工程具体的组织施工的设计。

2．知识点——单位工程施工组织设计的编制依据

单位工程施工组织设计编制依据，主要有以下几

个方面：

8.1-2
编制依据

（1）与工程建设有关的法律法规。标准规范、工程所在地区行政主管部门的批准文件。

（2）工程施工合同、招标投标文件及建设单位相关要求。

（3）工程文件，如施工图纸、技术协议、主要设备材料清单，主要设备技术文件、新产品工艺性试验资料、会议纪要等。

（4）工程施工范围的现场条件，与工程有关的资源条件，工程地质及水文地质，气象等自然条件。

（5）企业技术标准、管理体系文件、企业施工能力、同类工程施工经验等。

3．知识点——单位工程施工组织设计的内容

单位工程施工组织设计，根据工程性质、规模、结构特点和施工条件，以及工程内容和深度、广度的

要求不同。一般应包括下述各项内容：

8.1-3
内容

（1）工程概况。包括项目主要情况、项目主要现场条件和专业设计简介等。

（2）编制依据。应分类列出，与工程建设有关的法律法规、标准规范等必须是现行有效的。

（3）施工部署。应确定项目施工目标，包括进度、质量、安全、环境和成本等目标确定项目分阶段（期）交付的计划。确定项目分阶段（期）施工的合理顺序及空间组织。对项目施工的重点和难点在组织管理和施工技术两个方面进行简要分析。明确项目管理组织机构形式，并确定项目部的工作岗位设置及其职责划分。对开发和应用的新技术新工艺、新材料和新设备作出部署。对主要分包项目施工单位的资质和能力提出明确要求。

（4）施工进度计划。应按照施工部署的安排进行编制，可采用网络图或横道图表示，并附必要说明。对于工程规模较大或较复杂的工程，宜采用网络图表示。

（5）施工准备与资源配置计划。其中施工准备包括技术准备、现场准备和资金准备。资源配置计划包括劳动力配置计划和物资配置计划。

（6）主要施工方法。应对项目涉及的单位（子单位）工程和主要分部（分项）工程所采用的施工方法进行简要说明。对项目涉及危险性较大的分部分项工程，季节性施工等专项工程所采用的施工方案进行必要验算和说明，并编制相关方案策划表。

（7）主要施工管理计划。包括进度管理计划、质量管理计划、安全管理计划、环境管理计划、成本管理计划等内容。各项施工管理计划的内容应有目标、组织机构、资源配置、管理制度、技术和组织措施等。

8.1.4 问题思考

根据你的学习，你觉得建筑智能化工程施工组织设计应该由什么单位编制？由什么单位审批？

习题部分

1．填空题

（1）施工组织设计按编制阶段分类可分为_____和_____两种类型。

（2）施工组织设计按编制对象分类可分为_____、_____和_____三种类型。

2．判断题

（1）单位工程施工组织设计属于标前施工组织设计。

（2）分部分项工程施工组织设计也称为施工方案。

3．单选题

（1）施工组织设计可分为施工组织总设计、单位工程施工组织设计和_____。

A．施工图设计　　　B．初步设计　　　C．方案设计　　　D．施工方案

（2）按编制对象，施工方案是以_____为主要对象编制的施工技术与组织方案，用以具体指导其施工过程。

A．分部（分项）工程或专项工程　　　B．单位工程

C．单项工程　　　D．群体工程或特大型项目

（3）单位工程施工组织设计应_____编制。

A．由建设、施工、监理三方共同推荐的专家

B．由建设行政主管部门指定的专家

C．由施工承包单位

D．由具有相应资质的第三方咨询机构

4．问答题

（1）单位工程施工组织设计的编制依据有哪些？

（2）单位工程施工组织设计的内容是什么？

8.1.5 知识拓展

8.1-4 施工组织设计的内容	8.1-5 单位工程施工组织设计的作用

任务 8.2
单位工程施工组织设计的编制

8.2.1 教学目标与思路

【教学目标】

知识目标	能力目标	素养目标	思政要素
1. 了解单位工程施工组织研究的对象和基本任务； 2. 熟悉单位工程施工组织设计的编制方法。	能编制单位工程施工组织设计文件。	1. 能与小组成员沟通协作，能有效地获得各种资讯； 2. 能正确表达自己思想，学会理解和分析问题。	培养运用单位工程施工组织设计文件组织建筑工程项目施工的能力。

【学习任务】对单位工程施工组织设计各部分的内容有一个全面的了解，能够编制单位工程施工组织设计。

【建议学时】4～6学时

【思维导图】

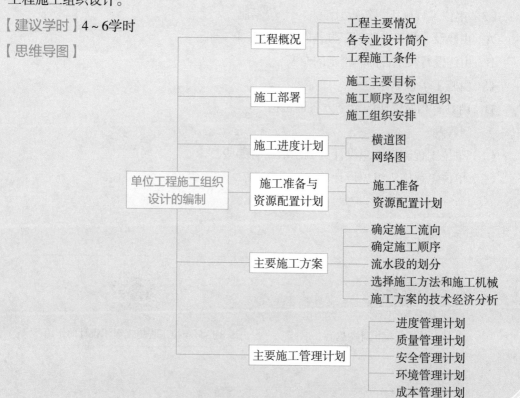

8.2.2 学生任务单

任务名称	单位工程施工组织设计的编制		
学生姓名		班级学号	
同组成员			
负责任务			
完成日期		完成效果	
		教师评价	

学习任务		掌握单位工程施工组织设计的编制方法。		
自学简述	课前预习	学习内容、浏览资源、查阅资料		
	拓展学习	任务以外的学习内容		
任务研究	完成步骤	用流程图表达		
	任务分工	任务分工	完成人	完成时间

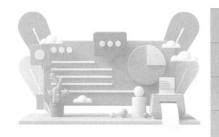

	本人任务	
	角色扮演	
	岗位职责	
	提交成果	

任务实施	完成步骤	第1步		
		第2步		
		第3步		
		第4步		
		第5步		
	问题求助			
	难点解决			
	重点记录	完成任务过程中，用到的基本知识、公式、规范、方法和工具等		成果提交
学习反思	不足之处			
	待解问题			
	课后学习			

过程评价	自我评价（5分）	课前学习	时间观念	实施方法	知识技能	成果质量	分值
	小组评价（5分）	任务承担	时间观念	团队合作	知识技能	成果质量	分值

8.2.3 知识与技能

1. 知识点——工程概况

工程概况包括工程主要情况、各专业设计简介和
工程施工条件等。

（1）工程主要情况

工程名称、性质和地理位置，工程的建设、勘察、设计、监理和总承包等相关单位的情况，工程承包范围和分包工程范围，施工合同、招标文件或总承包单位对工程施工的重点要求，其他应说明的情况。

（2）各专业设计简介

专业设计简介应依据建设单位提供的各相关专业设计文件进行描述，包括给水、排水及供暖系统、通风与空调系统、电气系统、智能化系统、电梯等各个专业系统的做法要求。

（3）工程施工条件

项目建设地点气象状况，项目施工区域地形和工程水文地质状况，项目施工区域地上、地下管线及相邻的地上、地下建（构）筑物情况，与项目施工有关的道路、河流等状况，当地建筑材料、设备供应和交通运输等服务能力状况，当地供电、供水、供热和通信能力状况，其他与施工有关的主要因素。

2. 知识点——施工部署

施工部署是对项目实施过程做出的统筹规划和全面安排，包括项目施工主要目标、施工顺序及空间组织、施工组织安排等。

（1）工程施工目标应根据施工合同、招标文件以及本单位对工程管理目标的要求确定，包括进度、质量、安全、环境和成本等目标。各项目标应满足施工组织总设计中确定的总体目标。

（2）施工部署中的进度安排和空间组织应符合下列规定：

1）工程主要施工内容及其进度安排应明确说明，施工顺序应符合工序逻辑关系。

2）施工流水段应结合工程具体情况分阶段进行划分，单位工程施工阶段的划分一般包括地基基础、主体结构、装修装饰和机电设备安装三个阶段。

（3）对于工程施工的重点和难点应进行分析，包括组织管理和施工技术两个方面。

（4）总承包单位应明确项目管理组织机构形式，并宜采用框图的形式表示，并确定项目经理部的工作岗位设置及其职责划分。

（5）对于工程施工中开发和使用的新技术、新工艺应做出部署，对新材料和新设备的使用应提出技术及管理要求。

（6）对主要分包工程施工单位的选择要求及管理方式应进行简要说明。

3．知识点——施工进度计划

8.2-3
施工进度计划

单位工程施工进度计划应按照施工部署的安排进行编制。施工进度计划可采用网络图或横道图表示，并附必要说明，对于工程规模较大或较复杂的工程，宜采用网络图表示。

（1）单位工程施工进度计划的作用

1）单位工程施工进度计划是施工中各项活动在时间上的反映，是指导施工活动、保证施工顺利进行的重要的文件之一；

2）能确定各分部分项工程和各施工过程的施工顺序及其持续时间和相互之间的配合、制约关系；

3）为劳动力、机械设备、物质材料在时间上的需要计划提供依据；

4）保证在规定的工期内完成符合工程质量的施工任务；

5）为编制季度、月生产作业计划提供依据。

（2）单位工程施工进度计划的编制依据

1）有关设计图纸和采用的标准图集等技术资料。

2）施工工期要求及开工、竣工日期。

3）施工组织总设计对本工程的要求及施工总进度计划。

4）确定施工方案和施工方法。

5）施工条件：劳动力、机械、材料、构件供应情况，分包单位情况，土建与安装的配合情况等。

6）自然条件。

7）劳动定额、机械台班使用定额、预算定额及预算文件等。

8）有关规范规程及其他资料。

（3）单位工程施工进度计划的编制内容和步骤

编制单位工程施工进度计划的主要内容和步骤是：首先收集编制依据，熟悉图纸、了解施工条件、研究有关资料、确定施工项目，其次计算工程量、套用定额计算劳动量、机械台班需要量，再次确定施工项目的持续时间、安排施工进度计划，最后按工期、劳动力、机械、材料供应量要求，调整优化施工进度计划，绘制正式施工进度计划。

1）划分施工项目

施工项目包括一定工作内容的施工过程，是进度计划的基本组成单元。

2）计算工程量

施工项目确定后，可根据施工图纸、工程量计算规则及相应的施工方法进行计算。

计算工程量时应注意以下几个问题：

①各分部分项工程的工程量计算单位应与现行定额手册所规定的单位相一致，以

避免计算劳动力、材料和机械数量时进行换算，产生错误；

②计算工程量时，应与所采用的施工方法一致；

③正确取用预算文件中的工程量。如已编制预算文件，则施工进度计划中的工程量可根据施工项目包括的内容，从预算工程量的相应项目内抄出并汇总；

④计算工程量时，尽量考虑编制其他计划时使用工程量数据的方便，做到一次计算多次使用。

3）确定劳动量和施工机械数量

根据计算的工程量、施工方法和现行的劳动定额，结合施工单位的实际情况，即可计算出各施工项目的劳动量和机械台班量。

4）计算施工项目工作持续时间

施工项目持续时间的计算方法一般有经验估算法、定额计算法和倒排计划法。

5）编制施工进度计划

施工项目持续时间确定后，即可编制施工进度计划的初步方案。一般的编制方法有以下三种：

①按经验直接安排法：

这种方法是根据各施工项目持续时间、先后顺序和搭接的可能性，直接按经验在横道图上画出施工时间进度线。其一般步骤是：

第一，根据拟定的施工方案、施工流向和工艺顺序，将各施工项目进行排列。其排列原则是：先施工项先安排，后施工项后安排，主要施工项先排，次要施工项后排。

第二，按施工顺序，将排好的施工项目从第一项起，逐项填入施工进度计划图表中。要注意各施工项目的起止时间，使各项目符合技术间歇和组织间歇时间的要求。

第三，各施工项尽量组织平面、立体交叉搭接流水施工，使各施工项目的持续时间符合工期要求。

②按工艺组合组织流水施工方法：

这种方法是将某些在工艺上有关系的施工过程归并为一个工艺组合，组织各工艺组合内部流水施工，然后将各工艺组合最大限度地搭接起来，组织分别流水施工。例如，设备开箱、检查、拆卸、清洗、组装可以归并为一个工艺组合，工艺管线安装也可以归并为一个工艺组合。

按照对整个工期的影响大小，工艺组合可以分为主要工艺组合和搭接工艺组合两种类型。前者对单位工程的工期起决定性作用，相互基本不能搭接施工，而后者对整个工期虽有一定影响，但不起决定性作用，并且这种工艺组合能够和主要工艺组合彼此平行或搭接施工。

在工艺组合确定后，首先可以从每个工艺组合中找出一个主导施工过程，其次确定主导施工过程的施工段数和持续时间，然后尽可能地使其余施工都采用相同的施工段和持续时间，以便简化计算和施工组织工作，最后按固定节拍流水施工、成倍节拍流水施工或分别流水施工的计算方法，求出工艺组合的持续时间。为了计算和组织的方便，对于各个工艺组合的施工段数和持续时间，在可能的条件下，也尽量力求一致。

③按网络计划技术编制施工进度计划：

采用这种方法编制施工进度计划，一种是直接网络图表述，另一种是将已编横道图计划改成网络计划便于优化。详见项目6。

6）施工进度计划的检查和调整

施工进度计划初步方案编出后，应根据上级要求、合同规定、经济效益及施工条件等，先检查各施工项目安排是否合理、工期是否满足要求、劳动力等资源需要量是否均衡，然后进行调整，直至满足要求。最后编制正式施工进度计划。检查步骤如下：

①从全局出发，检查各施工项目的先后顺序是否合理，持续时间是否符合工期要求。

②检查各施工项目的起、止时间是否合理，特别是主导施工项目是否考虑必需技术和组织间歇时间。

③对安排平行搭接、立体交叉的施工项目，是否符合施工工艺、质量、安全的要求。

④检查、分析进度计划中，劳动力、材料和机械的供应与使用是否均衡。应避免过分集中，尽量做到均衡。

经上述检查，如发现问题，应修改、调整优化，使整个施工进度计划满足上述条件的要求为止。

由于建筑安装工程复杂，受客观条件的影响较大。在编制计划时，应充分、仔细调查研究，综合平衡，精心设计。使计划既要符合工程施工特点，又要留有余地，使施工计划确实起到指导现场施工的作用。

4. 知识点——施工准备与资源配置计划

单位工程施工进度计划编制后，为确保进度计划的实施，应编制施工准备工作计划、劳动力及各种物资需用量计划。这些计划编制的主要目的是为工程项目提供劳动力供应计划与物资供应计划，为施工单位编制季、月、旬施工作业计划（分项工程施工设计）提供主要参数。

（1）单位工程施工前，应编制施工准备工作计划。施工准备工作计划主要反映开工前和施工中必须做到的有关准备工作。施工准备应包括技术准备、现场准备和资金准备等。

1）技术准备应包括施工所需技术资料的准备、施工方案编制计划、试验检验及设备调试工作计划、样板制作计划等。

①主要分部（分项）工程和专项工程在施工前应单独编制施工方案，施工方案可根据工程进展情况，分阶段编制完成，对需要编制的主要施工方案应制定编制计划；

②试验检验及设备调试工作计划应根据现行规范、标准中的有关要求及工程规

模、进度等实际情况制定；

③样板制作计划应根据施工合同或招标文件的要求并结合工程特点制定。

2）现场准备应根据现场施工条件和工程实际需要，准备现场生产、生活等临时设施。

3）资金准备应根据施工进度计划编制资金使用计划。

（2）资源配置计划应包括劳动力配置计划和物资配置计划等。

1）单位工程施工时所需各种技工、普工人数，主要是根据确定的施工进度计划要求，按月份旬编制的。编制方法是以单位工程施工进度计划为主，将每天施工项目所需的施工人数，按时间进度要求汇总后编出。它是编制劳动力平衡、调配的依据。劳动力配置计划应包括确定各施工阶段用工量，根据施工进度计划确定各施工阶段劳动力配置计划。

2）物资配置计划应包括下列内容：

①主要工程材料和设备的配置计划

主要工程材料和设备的配置计划应根据施工进度计划确定，包括各施工阶段所需主要工程材料、设备的种类和数量。确定工程所需的主要材料及非标设备需要量是为储备、供应材料，拟定现场仓库与堆放场地面积，计算运输工程量提供依据。编制方法是按施工进度计划表中所列的项目，根据工程量计算规则，以定额为依据，经工料分析后，按材料的名称、规格、数量、使用时间等要求，分别统计并汇总后编出。

②主要周转材料和施工机具的配置计划

工程施工主要周转材料和施工机具的配置计划应根据施工部署和施工进度计划确定，包括各施工阶段所需主要周转材料、施工机具的种类和数量。单位工程所需施工机械、主要机具设备需要量是根据施工方案确定的施工机械、机具型号，以施工进度计划、主要材料及构配件运输计划为依据编制。编制方法，是将施工进度图表中每一项目所需的施工机械、机具的名称、型号规格、需要量、使用时间等分别统计汇总。它是落实机具来源、组织机具进场的依据。

5．知识点——主要施工方案

（1）确定施工流向

单位工程施工流向为了确定施工流向（流水方向）

8.2-5
确定施工流向

主要解决施工项目在平面上、空间上的施工顺序，是指导现场施工的主要环节。确定单位工程施工流向时，主要考虑下列因素：

1）车间的生产工艺流程，往往是确定施工流向的关键因素。因此，从生产工艺上考虑，凡影响其他工段试车投产的工段应先施工。

2）根据施工单位的要求，对生产上或使用上要求急的工程项目，应先安排施工。

3）技术复杂、施工进度较慢、工期较长的工段或部位先施工。

4）满足选用的施工方法、施工机械和施工技术的要求。

5）施工流水在平面上或空间上展开时，要符合工程质量和安全的要求。

6）确定的施工流向不能与材料、构件的运输方向发生冲突。

（2）确定施工顺序

施工顺序是指单位工程中，各分项工程或工序之

8.2-6
确定施工顺序

间进行施工的先后次序。它主要解决工序间在时间上

的搭接问题，以充分利用空间、争取时间、缩短工期为主要目的。单位工程施工中应遵循的程序一般是：

1）遵守"先地下，后地上""先土建，后设备""先主体、后围护""先结构，后装饰"的原则。

①"先地下，后地上"是指地上工程开始之前，尽量完成地下管道、管线、地下土方及设施的工程，这样可以避免造成给地上部分施工带来干扰和不便。

②"先土建，后设备"是指无论工业建筑还是民用建筑，水、暖、电等设备的施工一般都在土建施工之后进行，但对于工业建筑中的设备安装工程，则应取决于工业建筑的种类，一般小设备是在土建之后进行，大的设备则是先设备后土建，如发电机主厂房等，这一点在确定施工顺序时应该特别注意。

③"先主体，后围护"是指先进行主体结构施工，然后进行围护工程施工。对于多、高层框架结构而言，为加快施工速度，节约工期，主体工程和围护工程也可采用少搭接或部分搭接的方式进行施工。

④"先结构，后装饰"是指先进行主体结构施工，后进行装饰工程的施工。

由于影响工程施工的因素是非常多的，所以施工顺序亦不是一成不变的。随着科学技术的发展，新的施工方法和施工技术会出现，其施工顺序也将会发生一定的改变，这不仅可以保证工程质量，而且也能加快施工速度。例如，在高层建筑施工时，可使地下与地上部分同时进行施工（逆作法）。

2）合理安排土建施工与设备安装的施工顺序。

随着建筑业的发展，设备安装与土建施工的顺序变得越来越复杂起来，特别是一些大型厂房的施工，除了要完成土建工程之外，还要同时完成较复杂的工艺设备、机械及各类工业管道的安装等。如何安排好土建施工与设备安装的施工顺序，一般来讲有以下三种方式：

①"封闭式"施工顺序，指的是土建主体结构完工以后，再进行设备安装的施工顺序。这种施工顺序，能保证设备及设备基础在室内进行施工，不受气候影响，也可以利用已建好的设备（如厂房吊车等）为设备安装服务。但这种施工顺序可能会造成部分施工工作的重复进行，如部分柱基础土方的重复挖填和运输道路的重复铺设，也可能会由于场地受限制造成困难和不便。故这种施工顺序通常适用于设备基础较小、各类管道埋置较浅、设备基础施工不会影响到柱基的情况。

②"敞开式"施工顺序，指的是先进行工艺机械设备的安装，然后进行土建工程

的施工。这种施工顺序通常适用于设备基础较大，且基础埋置较深，设备基础的施工将影响到厂房柱基的情况。其优缺点正好与"封闭式"施工顺序相反。

③设备安装与土建施工同时进行，这样土建工程可为设备安装工程创造必要的条件，同时又采取了防止设备被砂浆、垃圾等污染的保护措施，从而加快了工程进度。例如，在建造水泥厂时，经济效果较好的顺序是两者同时进行。

3）确定分部分项工程的施工顺序的要求：

①符合各施工过程间存在一定的工艺顺序关系。在确定施工顺序时，使施工顺序满足工艺要求。

②符合施工方法和所用施工机械的要求。确定的施工顺序必须与采用的施工方法、选择的施工机械一致，充分利用机械效率提高施工速度。

③符合施工组织的要求。当施工顺序有几种方案时，应从施工组织上进行分析、比较，选出便于组织施工和开展工作的方案。

④符合施工质量、安全技术的要求。在确定施工顺序时，以确保工程质量、施工安全为主。当影响工程质量安全时，应重新安排施工顺序或采取必要技术措施，保证工程顺利进行。

（3）流水段的划分

流水段的划分，必须满足施工顺序、施工方法和流水施工条件的要求。

（4）选择施工方法和施工机械

施工方法和施工机械的选择是紧密联系的，施工
机械的选择是施工方法选择的中心环节，每个施工过
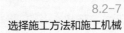
8.2-7
选择施工方法和施工机械

程总有不同的施工方法和施工机械。正确的施工方法、合理地选择施工机械，对于加快施工速度、提高工程质量、保证施工安全、降低工程成本，具有重要的作用。在选择施工方法和施工机械时，要充分研究拟安装设备的特征、各种施工机械的性能、供应的可能性及本企业的技术水平、建设工期要求和经济效益等。

1）选择施工方法时应遵循的原则

①应根据工程特点，找出哪些项目是工程的主导项目，以便在选择施工方法时，有针对性地解决主导项目的施工问题；

②所选择的施工方法应技术先进、经济合理、满足施工工艺要求及安全施工；

③符合国家颁发施工验收规范和质量检验评定标准的有关规定；

④要与所选择的施工机械及所划分的流水工作段相协调；

⑤相对于常规做法和工人熟悉的分项工程，只需提出施工中应注意的特殊问题，不必详细拟定施工方法。

2）从施工组织的角度选择机械时，应着重注意以下几个方面

①施工方法的技术先进性和经济合理性。

②施工机械的适用性与多用性兼顾。

③施工单位的技术特点和施工习惯。

④各种辅助机械应与直接配套的主导机械的生产能力协调一致。

⑤同一工地上，应使机械的种类和型号尽可能少一些。

⑥尽量利用施工单位现有机械。

⑦符合工期、质量与安全的要求。

施工方法和施工机械的选择，是一项综合性的技术工作，必须在多方案比较的基础上确定。施工方法是根据工程类别，生产工艺特点，对分部、分项工程施工而提出的操作要求。对技术上复杂或采用新技术、新工艺的工程项目，多采用限定的施工方法，因而提出的操作方法及施工要点应详细，对于常见的工程项目，由于采用常规施工方法，所以提出的操作方法及施工要点可简单些。在选择施工机械的时候，应根据工程类别、工期要求、现场施工条件、施工单位技术水平等，以主导工程项目为主进行选择。

在确定施工方法和主导机械后，还必须考虑施工机械的综合使用和工作范围、流动方向、开行路线和工作内容等，使之得到最充分利用。并拟定保证工程质量与施工安全的技术措施。

（5）施工方案的技术经济分析

任何一个分部分项工程，一般都有几个可行的施工方案。施工方案的技术经济分析的目的就是在它们

8.2-8
施工方案的技术经济分析

之间进行选优，选出一个工期短、质量好、材料省，劳动力和机具安排合理，成本低的最优方案。施工方案的技术经济分析常用的方法有定性分析和定量分析两种。

1）定性分析

定性分析结合施工经验，对几个方案的优缺点进行分析和比较。通常主要从以下几个指标来评价：

①工人在施工操作上的难易程度和安全可靠性；

②能否为后续工作创造有利施工条件；

③选择的施工机械设备是否可能取得；

④采用该方案在冬雨期施工能带来多大困难；

⑤能否为现场文明施工创造条件；

⑥对周围其他工程施工影响大小。

2）定量分析

定量分析是通过计算各方案的几个主要技术经济指标，进行综合比较分析，从中选择技术经济最优的方案。常用以下几个指标：

①工期指标。当要求工程尽快完成以便尽早投入生产或使用时，选择施工方案就要在确保工程质量、安全和成本较低的条件下，优先考虑缩短工期的方案。

②劳动量消耗指标。它能反映施工机械化程度和劳动生产率水平。通常，在方案

中劳动量消耗越小，则机械化程度和劳动生产率越高。劳动量消耗以工日数计算。

③主要材料消耗指标。它反映了各个施工方案的主要材料节约情况。

④成本指标。它反映了施工方案的成本高低。一般需计算方案所用的直接费和间接费成本 C，可按下式计算：

$$C=直接费 \times （1+综合费率）$$

式中，C 为某施工方案完成施工任务所需要的成本，综合费率按各地区有关文件规定执行。

⑤投资额指标。拟定的施工方案需要增加新的投资时，如购买新的施工机械或设备，则需要用增加投资额指标进行比较，其中投资额指标低的方案为好。

6. 知识点——主要施工管理计划

施工管理计划应包括进度管理计划、质量管理计划、安全管理计划、环境管理计划、成本管理计划以及其他管理计划等内容。

（1）进度管理计划

进度管理计划是保证实现项目施工进度目标的管理计划。包括对进度及其偏差进行测量、分析、采取的必要措施和计划变更等。项目施工进度管理应按照项目施工的技术规律和合理的施工顺序，保证各工序在时间上和空间上顺利衔接。

进度管理计划应包括下列内容：

1）对项目施工进度计划进行逐级分解，通过阶段性目标的实现保证最终工期目标的完成；

2）建立施工进度管理的组织机构并明确职责，制定相应管理制度；

3）针对不同施工阶段的特点，制定进度管理的相应措施，包括施工组织措施、技术措施和合同措施等；

4）建立施工进度动态管理机制，及时纠正施工过程中的进度偏差，并制定特殊情况下的赶工措施；

5）根据项目周边环境特点，制定相应的协调措施，减少外部因素对施工进度的影响。

（2）质量管理计划

质量管理计划是保证实现项目施工质量目标的管理计划。包括制定、实施、评价所需的组织机构、职责、程序以及采取的措施和资源配置等。严格执行国家颁布的有关规定和现行施工验收规范，制定一套完整和具体的确保质量制度，使质量保证措施落到实处。对施工项目经常发生质量通病的方面，应制定防治措施，使措施更有实用性。对采用新工艺、新材料、新技术和新结构的项目，应制定有针对性的技术措施。对各种材料、半成品件等，应制定检查验收措施，对质量不合格的成品与半成品件，不经验收不能使用。加强施工质量的检查、验收管理制度。做到施工中能自检、互检，隐蔽工程有检查记录，交工前组织验收，质量不合格应返工，确保工程质量。

　　质量管理计划可参照《质量管理体系 要求》GB/T 19001—2016，在施工单位质量管理体系的框架内编制。质量管理计划应包括下列内容：

　　1）按照项目具体要求确定质量目标并进行目标分解，质量指标应具有可测量性；

　　2）建立项目质量管理的组织机构并明确职责；

　　3）制定符合项目特点的技术保障和资源保障措施，通过可靠的预防控制措施，保证质量目标的实现；

　　4）建立质量过程检查制度，并对质量事故的处理做出相应规定。

　　（3）安全管理计划

　　安全管理计划是保证实现项目施工职业健康安全目标的管理计划。包括制定、实施所需的组织机构、职责、程序以及采取的措施和资源配置等。安全为了生产，生产必须安全。为确保安全，除贯彻安全技术操作规程外，应根据工程特点、施工方法、现场条件，对施工中可能发生安全事故方面进行预测，提出预防措施。

　　安全管理计划可参照《职业健康安全管理体系 要求及使用指南》GB/T 45001—2020，在施工单位安全管理体系的框架内编制。安全管理计划应包括下列内容：

　　1）确定项目重要危险源，制定项目职业健康安全管理目标；

　　2）建立有管理层次的项目安全管理组织机构并明确职责；

　　3）根据项目特点，进行职业健康安全方面的资源配置；

　　4）建立具有针对性的安全生产管理制度和职工安全教育培训制度；

　　5）针对项目重要危险源，制定相应的安全技术措施，对达到一定规模的危险性较大的分部（分项）工程和特殊工种的作业应制定专项安全技术措施的编制计划；

　　6）根据季节、气候的变化，制定相应的季节性安全施工措施；

　　7）建立现场安全检查制度，并对安全事故的处理做出相应规定。

　　（4）环境管理计划

　　环境管理计划是保证实现项目施工环境目标的管理计划。包括制定、实施所需的组织机构、职责、程序以及采取的措施和资源配置等。环境管理计划可参照《环境管理体系 要求及使用指南》GB/T 24001—2016，在施工单位环境管理体系的框架内编制。

　　环境管理计划应包括下列内容：

　　1）确定项目重要环境因素，制定项目环境管理目标；

　　2）建立项目环境管理的组织机构并明确职责；

　　3）根据项目特点，进行环境保护方面的资源配置；

　　4）制定现场环境保护的控制措施；

　　5）建立现场环境检查制度，并对环境事故的处理做出相应规定。

　　（5）成本管理计划

　　降低成本是提高生产利润的主要手段。因此，施工单位编制施工组织设计时，在保质、保量、保工期和保施工安全条件下，要针对工程特点、施工内容，提出一些必要的方法来降低施工成本。如就地取材、降低材料单价、合理布置材料库、减少二次搬运、提高工作效率等。成本管理计划应包括下列内容：

1）根据项目施工预算，制定项目施工成本目标；

2）根据施工进度计划，对项目施工成本目标进行阶段分解；

3）建立施工成本管理的组织机构并明确职责，制定相应管理制度；

4）采取合理的技术、组织和合同等措施，控制施工成本；

5）确定科学的成本分析方法，制定必要的纠偏措施和风险控制措施。

（6）其他管理计划

其他管理计划包括绿色施工管理计划、防火保安管理计划、合同管理计划、组织协调管理计划、创优质工程管理计划、质量保修管理计划以及对施工现场人力资源、施工机具、材料设备等生产要素的管理计划等。

8.2.4 问题思考

根据你的学习，你觉得建筑智能化工程施工组织设计中，需要编制施工现场平面布置图吗？为什么？施工平面布置图的作用是什么？

习题部分

1．填空题

（1）施工进度计划可采用_____和_____表示。

（2）施工准备计划应包括_____、_____和_____。

（3）资源配置计划应包括_____和_____等。

2．判断题

（1）施工程序不是施工部署的内容之一。

（2）施工进度计划的编制单位是建设单位。

（3）施工方案的主要内容是施工顺序、施工方法和施工机械。

（4）安全管理计划内要确定项目重要危险源，制定项目职业健康安全管理目标。

3．单选题

（1）工程概况不包括的内容是_____。

A．工程名称　　　　B．工程造价　　　　C．合同工期　　　　D．建筑面积

（2）以下不属于施工总体部署内容的是_____。

A．建立施工管理机构　　　　　　　B．施工任务划分

C．施工顺序安排　　　　　　　　　D．各项资源需求计划

（3）施工组织设计中的资源配置计划应不包括_____。

A．主要施工机具配置计划　　　　　B．资金配置计划

C．劳动力配置计划　　　　　　　　D．主要周转材料配置计划

（4）施工组织设计的主要施工管理计划不包括_____。

A．进度管理计划   B．质量管理计划

C．安全管理计划   D．资金管理计划

4．问答题

（1）简述工程概况的内容。

（2）简述施工方案的主要内容。

（3）质量管理计划包括哪些内容？

8.2.5 知识拓展

8.2-10 质量控制措施	8.2-11 施工进度计划保证措施	8.2-12 投资控制管理及保证体系	8.2-13 施工现场安全施工要求

参考文献

[1] 张恬. 建筑电气施工组织管理[M]. 哈尔滨：哈尔滨工程大学出版社，1993.

[2] 韩永学. 建筑电气施工技术[M]. 北京：中国建筑工业出版社，2015.

[3] 刘宝珊. 建筑电气安装工程实用技术手册[M]. 北京：中国建筑工业出版社，1998.

[4] 陆荣华，史湛华. 建筑电气安装工长手册[M]. 北京：中国建筑工业出版社，1998.

[5] 赵德申. 建筑电气照明技术[M]. 北京：机械工业出版社，2003.

[6] 李英姿. 建筑电气施工技术[M]. 北京：机械工业出版社，2003.

[7] 杨光臣. 建筑电气工程施工[M]. 重庆：重庆大学出版社，2001.

[8] 陈御平. 电气施工员（工长）岗位实务知识[M]. 北京：中国建筑工业出版社，2007.